Alireza Farhadi
Amin Daemi
Gülüzar Özbolat

Aproveitando a biodiversidade e as propriedades medicinais do alho iraniano

Alireza Farhadi
Amin Daemi
Gülüzar Özbolat

Aproveitando a biodiversidade e as propriedades medicinais do alho iraniano

Uma revisão abrangente da composição fitoquímica e aplicações terapêuticas

ScienciaScripts

Imprint
Any brand names and product names mentioned in this book are subject to trademark, brand or patent protection and are trademarks or registered trademarks of their respective holders. The use of brand names, product names, common names, trade names, product descriptions etc. even without a particular marking in this work is in no way to be construed to mean that such names may be regarded as unrestricted in respect of trademark and brand protection legislation and could thus be used by anyone.

Cover image: www.ingimage.com

This book is a translation from the original published under ISBN 978-3-639-70628-4.

Publisher:
Sciencia Scripts
is a trademark of
Dodo Books Indian Ocean Ltd. and OmniScriptum S.R.L publishing group

120 High Road, East Finchley, London, N2 9ED, United Kingdom
Str. Armeneasca 28/1, office 1, Chisinau MD-2012, Republic of Moldova, Europe
Managing Directors: Ieva Konstantinova, Victoria Ursu
info@omniscriptum.com

Printed at: see last page
ISBN: 978-620-8-63494-0

Índice

Capítulo 1 : Planta do alho, biodiversidade e ecologia das espécies de alho do Irão

Introdução

O alho é um ingrediente muito apreciado que realça o sabor de muitos pratos. Juntar alguns dentes de alho ou uma colher de chá de alho em pó pode elevar o sabor e o aroma de qualquer refeição. Para quem gosta de passar tempo na cozinha, cultivar diferentes variedades de alho no jardim pode ser uma experiência gratificante. O alho é uma planta bulbosa com flor do género Allium, que inclui mais de 700 espécies. Os dois principais tipos de alho são o de colo mole (Allium sativum) e o de colo duro (Allium ophioscorodon), cada um com caraterísticas, perfis de sabor e taxas de crescimento distintos.

Tipos de alho

O alho pode ser classificado em dois tipos principais: de pescoço duro e de pescoço mole. Cada tipo tem as suas próprias caraterísticas únicas e condições de cultivo adequadas.

1. Alho de pescoço duro

O alho de pescoço duro é reconhecido pelos seus dentes maiores e pelos seus caules distintos e rígidos. Estes bolbos contêm normalmente entre dois e dez dentes de alho. Uma caraterística única do alho de pescoço duro é o seu caule lenhoso, que produz botões verdes na primavera. É aconselhável cortar estes caules florais durante este período para encorajar as plantas a direcionar mais energia para o crescimento de bolbos maiores.

O alho de colo duro é ideal para climas mais frios, uma vez que é mais resistente e pode suportar baixas temperaturas. No entanto, geralmente demora mais tempo a crescer em comparação com as variedades de pescoço mole. Apesar do período de crescimento mais longo, muitos jardineiros apreciam os diversos sabores e variedades disponíveis no alho de pescoço duro.

2. Alho de pescoço mole

O alho de colo mole é caracterizado pelos seus caules flexíveis e produz normalmente mais dentes por bolbo do que o alho de colo duro. Este tipo é frequentemente preferido para climas mais quentes e tem um prazo de validade mais longo, o que o torna uma escolha popular para os produtores comerciais.

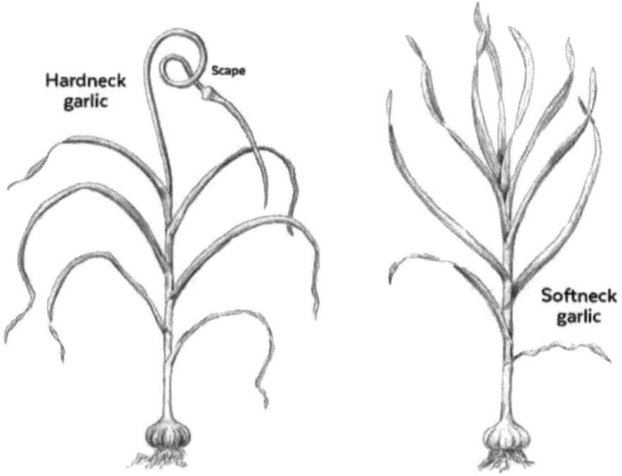

Figura 1. Ganhos com alho

Uma diferença a ter em conta é que o alho macio produz mais dentes do que o alho duro, mas os dentes são mais pequenos. A camada que envolve o dente de alho é de papel e tem várias camadas. Todas elas são de cor branca cremosa, parecidas com papel vegetal. As camadas que envolvem o cravo-da-índia são essenciais porque prolongam a sua vida útil. Pode guardá-los nas condições corretas até oito meses. Se quiser entrançar os seus próprios pés de alho, precisa de cultivar pescoços macios. O alho entrançado é uma forma decorativa e útil de guardar e expor os dentes de alho.

O alho é uma planta herbácea perene, com uma altura de 40-70 cm, mas é cultivada anualmente para produção. As folhas são verdes e largas, o bolbo é constituído por 10-15 pequenos dentes ou bolbos, que se encontram numa membrana. No estado seco, a separação desta membrana provoca a separação das espirais umas das outras.

Flores na extremidade de uma longa haste floral, cor-de-rosa, púrpura e creme, que se vêem numa espata. Estas flores são normalmente estéreis, pelo que não se formam sementes. Em algumas condições, após 5 cm de crescimento do caule, são produzidos vários bulbilhos aéreos (bulbils) na inflorescência, que podem ser utilizados para a propagação da planta.

Ao contrário da chalota, o cebolinho é rodeado por uma pele fina que desaparece ao fim de algum tempo. A planta do alho não produz sementes nas regiões frias ou temperadas, mas por vezes podem aparecer pequenos bolbos no caule em vez de flores, que podem ser utilizados para aumentar esta planta. Atualmente, as variedades de Allium sativum dividem-se em duas categorias:

A primeira categoria de espécies sativum tem as três variedades seguintes

A- A. sativum var. sativum (sem haste floral);

B- A. sativum var. ophioscorodon (com a haste floral dobrada);

C- A. sativum var. scordoprasum (com haste floral erecta).

Na segunda categoria, Kuznetsov introduz duas outras variedades

A- A. sativum var. sagitatumKuz. (com caule florido);

B- A. sativum var. vulgaraeKuz. (sem haste floral).

Valor nutricional e importância económica do alho

O alho é composto por cerca de 50 a 60% de água, o que resulta num teor de matéria seca mais elevado do que o de outros legumes. Contém cerca de 30% de hidratos de carbono, 1% de gordura e 7% de proteínas, juntamente com pequenas quantidades de sais minerais e várias vitaminas. O sabor e o cheiro caraterísticos do alho devem-se principalmente a um composto orgânico chamado alicina, que compreende um conjunto de compostos orgânicos de enxofre.

O aroma do alho é libertado através dos pulmões e outros componentes notáveis do alho incluem a escordina, bem como as vitaminas B, C e E. Entre estes compostos, os aldeídos, as cetonas e os éteres desempenham papéis importantes. Os sais de iodo e sílica do alho são eficazes na regulação da circulação sanguínea, enquanto as suas propriedades antibióticas levaram à sua utilização histórica no tratamento de doenças bacterianas. Atualmente, o alho é amplamente consumido como um produto alimentar comum, ocupando o segundo lugar na produção mundial, a seguir à cebola.

De acordo com a Organização Mundial para a Alimentação e a Agricultura (FAO), a produção de alho está a aumentar constantemente em todo o mundo. O aumento do consumo levou a um rápido crescimento do comércio nacional e internacional, especialmente em países como o Irão. Entre os principais exportadores de alho contam-se a Espanha, a Itália, a França, os Estados Unidos e vários outros países, estando o comércio internacional essencialmente centrado nos países industrializados desenvolvidos. Para além do alho fresco, são também procuradas formas transformadas, como o alho em conserva.

Utilizações e propriedades terapêuticas do alho

O alho tem sido valorizado como planta medicinal há milhares de anos. Os seus principais efeitos terapêuticos incluem a diminuição da pressão arterial, a redução dos níveis de colesterol, a diminuição do açúcar no sangue e a função de desinfetante. O óleo essencial de alho demonstrou eficácia contra os quistos de giárdia. O alho pode ser consumido fresco e cru, bem como em formas cozinhadas ou processadas. Para combater o odor associado ao alho, o consumo de folhas de canela ou sumo de alho pode ajudar, enquanto a polpa de alho demora mais tempo a ser digerida.

Precauções relativas ao consumo de alho

O consumo excessivo de alho seco (mais de 4 gramas por dia) pode provocar obstipação, vómitos e perturbações gastrointestinais, enquanto o consumo de alho fresco (mais de 30 gramas) pode provocar anemia grave.

Condições climáticas para a plantação de alho

O alho tolera o frio extremo, sobrevivendo a temperaturas invernais tão baixas como -40 graus Celsius, tornando viável o cultivo no outono em regiões de sopé. Desenvolve-se bem em solos leves e bem drenados, que facilitam o desenvolvimento dos órgãos subterrâneos e melhoram a ventilação. Idealmente, o alho é plantado em solos férteis ricos em matéria orgânica, e cresce melhor em solos franco-arenosos soltos.

A formação de espirais bulbosas no alho requer dias longos e temperaturas elevadas, pelo que a plantação deve ser efectuada em climas subtropicais e subtropicais amenos. Em regiões com dias curtos e temperaturas baixas, a plantação no outono ou no início do inverno resulta num melhor crescimento. Nas zonas mais frias, a época ideal de plantação é o início da primavera, enquanto em regiões como o Khuzistão, com Invernos amenos, o alho pode ser cultivado a partir do outono.

A investigação demonstrou que, uma vez formadas as raízes, o crescimento vegetativo da planta pára.

De um modo geral, o alho tem um bom desempenho em climas frios e temperados e, por vezes, em regiões subtropicais, desde que sejam selecionadas as variedades adequadas a cada clima. A formação de espirais ocorre a temperaturas inferiores a 18 graus Celsius.

A aplicação de estrume bem apodrecido e de fertilizantes químicos pode aumentar significativamente os rendimentos. Normalmente, os agricultores preparam os campos com bastante estrume, misturando-o no solo 3 a 4 meses antes da plantação. Se for utilizado estrume bem apodrecido, este pode ser misturado durante a plantação; normalmente, 20 a 25 toneladas de estrume decomposto são adicionadas 20 a 25 dias antes da plantação. Os fertilizantes químicos também são incorporados ao solo antes do plantio, com o fertilizante de fósforo variando de 200 a 400 quilos por hectare.

O fertilizante azotado pode ser aplicado como cobertura durante o crescimento das plantas; geralmente inclui até 100 kg de azoto, sendo metade aplicada na plantação e o restante 45 dias após a plantação. Recomenda-se a aplicação de um fertilizante potássico até 60 kg por hectare.

Figura 2. Como cultivar alho: Um guia completo de plantação e colheita

Preparação da cama de cultivo de alho

Para preparar o terreno de cultivo do alho, o solo deve estar completamente nivelado e bem drenado. O terreno deve ser objeto de uma preparação minuciosa por meio de aragem, gradagem e gradagem. Durante esta fase de preparação, os resíduos das culturas anteriores devem ser recolhidos e queimados para evitar doenças e pragas.

Duas a três semanas antes da plantação, deve ser incorporado no solo estrume animal bem apodrecido, a uma taxa de 25 a 30 toneladas por hectare. Nas zonas secas, a preparação do solo deve estar em conformidade com o tipo de irrigação utilizado, que pode incluir o empilhamento ou a aplicação de remendos (como se pratica em Gilan durante a estação seca).

Para os solos arenosos e soltos, a largura dos camalhões deve ser uniforme, com cerca de 20 a 25 cm. Em contrapartida, para os solos franco-argilosos ou pesados, são aconselháveis camalhões mais largos para permitir a passagem de duas ou três fileiras de alho.

O alho pode desenvolver-se numa grande variedade de solos, desde a areia argilosa até à argila pesada; no entanto, os solos arenosos argilosos profundos e permeáveis, com uma elevada retenção de humidade, são ideais para o seu crescimento. Se o alho for cultivado num solo argiloso, este deve ser corrigido através da adição de estrume animal bem apodrecido. Os solos com elevada acidez e baixa alcalinidade não são adequados para a cultura do alho. O pH ótimo do solo para o cultivo do alho situa-se entre 5,8 e 6,5. Plantação, cultivo e colheita do alho

Plantação de alho

O alho reproduz-se exclusivamente por propagação assexuada. Antes da plantação, os bolbos, que são considerados cebolas compostas, devem ser separados no dia da plantação para evitar uma diminuição do rendimento. Cada dente serve de semente. É importante selecionar cravos saudáveis, grandes e sem sintomas de doença, geralmente colhidos à mão.

A quantidade de dentes de alho necessária depende do tamanho do alho. Geralmente, 350 a 500 quilogramas de alho são suficientes para plantar um hectare, tendo em conta os eventuais resíduos de plantação. Aquando da plantação, apenas devem ser utilizadas plântulas grandes e saudáveis, uma vez que os dentes de alho maiores produzem normalmente rendimentos mais elevados.

O crescimento do alho antes da formação dos tubérculos, particularmente o número de folhas desenvolvidas antes da tuberização, influencia significativamente o tamanho dos tubérculos e o rendimento global. A plantação tardia pode prejudicar o crescimento da planta e a produção de folhas, levando a colheitas reduzidas.

A plantação pode ser efectuada manualmente ou mecanicamente, utilizando uma serra nos montes. A plantação manual é mais comum em operações de pequena escala, enquanto os campos maiores podem utilizar um arado. O posicionamento dos cravos-da-índia pode ser vertical, oblíquo ou horizontal, sem afetar a emergência dos gomos; no entanto, é indesejável colocar os cravos-da-índia de cabeça para baixo, com o gomo na base.

O alho é frequentemente cultivado em pequena escala, segundo o método da reverência. No outono, o campo é lavrado e o estrume bem apodrecido é misturado no solo. Em seguida, o terreno é dividido em montículos, com cursos de drenagem de cerca de 30 cm de profundidade. A distância de plantação deve ser de 15 x 20 cm, e a profundidade de plantação pode variar entre 3 e 5 cm, consoante o tipo de solo. Em solos mais pesados, o cravo-da-índia é plantado mais superficialmente, com uma ligeira pressão sobre o solo. Para garantir a saúde das plantas, os tubérculos podem ser desinfectados com fungicidas. Nas regiões com invernos semi-frios, o alho é normalmente plantado no outono (novembro).

Cultivo de alho

A irrigação é crucial após a plantação, com uma frequência de 8 a 10 dias até 15 a 20 dias antes da colheita, dependendo da humidade do solo. O momento da colheita do alho coincide muitas vezes com o da cevada, uma vez que ambas as culturas atingem a maturidade mais ou menos na mesma altura.

O controlo das ervas daninhas e a raspagem da superfície do solo devem ser efectuados 2 a 3 vezes durante o período de crescimento. Dado que o alho tem raízes superficiais, é necessário ter cuidado durante a monda para evitar danificar as raízes ou os caules. Práticas como a rotação de culturas, a aragem profunda, a irrigação de inverno, a recolha de resíduos de alho no campo, o controlo das ervas daninhas e a aplicação de pesticidas em alturas adequadas são essenciais para reduzir as populações de pragas e ervas daninhas.

As culturas de alho podem ser vulneráveis aos corvos, que podem desenterrar os bolbos.

Colheita do alho

O alho está pronto para ser colhido 170 a 180 dias após a plantação. Embora as folhas do alho também possam ser utilizadas, o objetivo principal é colher os tubérculos subterrâneos. A altura ideal para a colheita é quando as partes aéreas da planta estão quase secas e começam a cair.

Uma vez que o alho é frequentemente cultivado em pequena escala, é normalmente colhido manualmente com pás. Após a colheita, a planta inteira é normalmente deixada no campo durante alguns dias para secar. A humidade elevada ou o solo pesado podem fazer com que as partículas de solo adiram aos tubérculos, complicando a colheita e diminuindo a sua comercialização. Para a armazenagem, as pontas das plantas de alho são geralmente atadas para formar molhos, que são depois pendurados num local fresco e seco. O alho pode também ser armazenado em recipientes de rede durante longos períodos após a sua classificação.

Eficiência do produto alho

A eficiência da produção de alho depende de vários factores, incluindo a variedade cultivada, a área de plantação e as práticas de gestão da cultura. Em média, o rendimento do alho varia entre 8 e 10 toneladas por hectare.

Após a colheita, o alho deve ser colocado num local limpo e à sombra durante

5 a 7 dias para permitir a sua cura. Após este período, as folhas e as raízes são aparadas e os bolbos danificados ou doentes são retirados. Os restantes bolbos sãos são então classificados, limpos e embalados em redes adequadas para serem transportados para o mercado.

Armazenamento de alho

O alho corretamente seco pode ser armazenado à temperatura ambiente normal, com ventilação adequada, durante 5 a 6 meses. Contudo, nestas condições, o peso do produto pode diminuir 20 a 25 por cento. Para um armazenamento mais longo, o alho pode ser conservado em armazéns frigoríficos a temperaturas entre 0 e 3 graus Celsius, com uma humidade relativa de 60%.

Gestão das infestantes do alho

Para evitar o crescimento de ervas daninhas, é importante plantar as cultivares a distâncias adequadas entre as fileiras. Esta prática não só ajuda a controlar as ervas daninhas como também melhora o arejamento do solo à volta das plantas de alho. Normalmente, são necessárias duas sessões de monda durante os primeiros dois meses após a plantação para assegurar uma gestão satisfatória das ervas daninhas. É necessário ter cuidado durante o cultivo para não danificar as raízes do alho.

Figura 3. Como se livrar da erva daninha da cebola

Tipos de alho de pescoço duro e suas caraterísticas únicas

O alho de colo duro é caracterizado por um caule central rígido e produz dentes que são normalmente colhidos no início da primavera. Este tipo de alho é adequado para climas mais frios e é conhecido pelo seu sabor superior. Abaixo estão os vários tipos de alho de pescoço duro e as suas caraterísticas únicas:

1. **Alho asiático de pescoço duro**
   - **Cravos-da-índia: 4-8 por bolbo**
   - **Prazo de validade: 5-6 meses**
   - **Variedades notáveis: Tempestade Asiática, Pyongyang**

O alho asiático é originário da Coreia e produz bolbos de tamanho médio com quatro a oito dentes. O sabor pode ir do doce ao picante, o que o torna um favorito em muitas cozinhas asiáticas. Esta variedade armazena-se bem, com um prazo de validade impressionante de cinco a seis meses. Os dentes de alho asiáticos são roxos escuros e as plantas podem atingir até um metro de altura. Requerem humidade moderada e devem ser cultivados a pleno sol com solo bem drenado e fértil.

2. **Alho crioulo**

- **Cravos-da-índia: 8-12 por bolbo**
- **Prazo de validade: Variável (melhor em climas mais quentes)**
- **Variedades notáveis: Burgundy, Red Creole**

O alho crioulo desenvolve-se bem em climas mais quentes, nomeadamente no sul dos Estados Unidos. Produz bolbos pequenos a médios com oito a doze dentes, oferecendo um sabor agradável e delicado com um toque de picante. As plantas maduras podem atingir 1,5 m de altura e requerem humidade moderada, sol pleno e solo fértil bem drenado. Os bolbos são tipicamente de cor vermelha e roxa.

3. **Alho de riscas roxas brilhantes**
   - **Cravos-da-índia: 6-12 por bolbo**
   - **Prazo de validade: 5-7 meses**
   - **Variedades notáveis: Red Rezan, Vekak Purple Glazer**

Originário da Europa de Leste, o alho "Shiny Purple Stripe" prefere climas frios. O seu nome deve-se aos seus dentes brilhantes, semelhantes a gemas, que são de cor vermelha a púrpura com riscas prateadas. Cada bolbo produz seis a doze dentes de alho e, embora o sabor seja suave com um toque de picante, o seu longo período de conservação de cinco a sete meses é uma vantagem significativa. Esta variedade atinge normalmente até um metro e meio de altura, mas é mais delicada, o que torna a produção em grande escala um desafio.

4. **Alho em tiras roxo**
   - **Cravos-da-índia: 4-8 por bolbo**
   - **Prazo de validade: 7 meses**
   - **Variedades notáveis: Metchi, Siberiana, Delicious Red, Amber**

O alho Purple Marble Strip, originário da Rússia e da Europa de Leste, desenvolve-se bem em vários climas. Cada bolbo contém quatro a oito dentes, apresentando um aspeto decorativo com riscas vermelhas e creme. Conhecida pelo seu sabor forte, esta variedade pode ser armazenada até sete meses e é frequentemente considerada como um dos melhores tipos para cozinhar.

5. **Alho do Médio Oriente**
   - **Cravinho: Varia**
   - **Prazo de validade: Variável**
   - **Variedades notáveis: Síria**

O alho do Médio Oriente está adaptado a climas mais quentes e atinge normalmente cerca de um metro de altura. Os bolbos variam em tamanho e têm uma textura rugosa em comparação com outros tipos de alho.

6. **Alho de porcelana**
   - **Cravos-da-índia: 2-6 por bolbo**
   - **Prazo de validade: 8 meses**
   - **Variedades notáveis: Polaca, Branca Alemã, Cristal da Geórgia, Vermelha Romena**

O alho de porcelana é conhecido pelos seus bolbos grandes e pelo seu sabor médio a forte. Apresenta uma pele lisa e espessa, por vezes com riscas roxas, e pode crescer até 1,5 m de altura. Com um prazo de validade de até oito meses, é uma excelente escolha para cozinhar e é popular entre os cozinheiros.

7. **Alho de fita roxa**
   - **Cravos-da-índia: 8-16 por bolbo**
   - **Sabor: Doce**
   - **Variedades notáveis: Chesnok Red, Shatili, Purple Star**

Originário da República da Geórgia, o alho Purple Ribbon é célebre pelo seu sabor rico e doce, que se torna ainda mais doce quando cozinhado. Alguns até o utilizam para fazer gelado de alho.

8. Alho rocambole

- **Cravinho: Varia**
- **Prazo de validade: 6 meses**
- **Variedades notáveis: Roja Espanhola, Tinto Russo, Montanha Alemã**

O alho rocambole é preferido pelo seu sabor completo e pele solta, tornando-o fácil de descascar. Esta variedade prospera em Invernos frios e Verões quentes, mas pode ser difícil de cultivar devido às suas necessidades específicas de rega. Os dentes de alho são tipicamente amarelados ou vermelhos e os bolbos podem ser armazenados até seis meses.

9. Alho em forma de tampa

- **Cravos-da-índia: 6-12 por bolbo**
- **Sabor: Muito picante**
- **Variedades notáveis: Tzan, Shandong, Chinese Purple**

O alho em forma de chapéu é menos comum e apresenta uma forma de chapéu no topo do seu caule. Oferece um sabor picante que difere do alho tradicional. Os bolbos têm uma pele com riscas roxas claras e contêm seis a doze dentes, mas esta variedade não se conserva bem.

10. Alho-elefante

- **Cravos-da-índia: 4-6 por bolbo**
- **Sabor: Suave**
- **Variedades notáveis: Alho de búfalo**

O alho elefante é frequentemente considerado como um primo do alho francês e não como um alho verdadeiro. Produz bolbos grandes que podem pesar até um quilo, contendo quatro a seis dentes. O seu sabor suave torna-o ideal para quem prefere um sabor mais subtil a alho, e os dentes grandes são fáceis de descascar. No entanto, pode não prosperar em regiões mais frias com estações de crescimento mais curtas.

Variedades de alho de pescoço mole e suas caraterísticas únicas

Se quiser cultivar um tipo de alho que lhe permita entrelaçar o caule, precisa de alho de pescoço mole. Ao contrário das variedades de pescoço duro, o alho de pescoço mole não requer o corte dos dentes na primavera e tem normalmente um sabor mais suave. Estas variedades de alho preferem um clima mais quente.

1. **Alcachofra Alho**
   - **Cravos-da-índia: 12-25 por bolbo**
   - **Prazo de validade: Até 10 meses**
   - **Variedades notáveis: Italian Red, Red Toch, California Early**

O alho de alcachofra é ideal para quem prefere menos dentes mas maiores. Os bolbos contêm geralmente entre 12 e 25 dentes dispostos num padrão assimétrico. Esta variedade amadurece no início da estação de crescimento e adapta-se bem a vários climas e condições de solo, o que a torna uma escolha popular para os jardineiros domésticos. O alho de alcachofra tem uma forma ligeiramente achatada e apresenta riscas roxas brilhantes na sua pele. Em condições adequadas, pode ser armazenado até dez meses.

2. **Alho de pele de prata**
   - **Cravos-da-índia: 8-40 por bolbo**
   - **Prazo de validade: Até 12 meses**
   - **Variedades notáveis: Polish White, Idaho Silver, Kettle River Giant**

O alho de pele de prata demora mais tempo a amadurecer do que o alho de alcachofra e pode conter uma grande variedade de dentes, com bolbos que contêm entre oito e 40 dentes em cinco camadas. Os dentes são lisos mas podem ser difíceis de descascar devido ao tamanho irregular dos bolbos. O alho de pele de prata é o tipo mais popular encontrado nas mercearias e é frequentemente cultivado pelo seu longo período de conservação, que pode durar até 12 meses.

Alho iraniano: Caraterísticas e distinções

O alho iraniano é reconhecido pelo seu valor nutricional e medicinal desde a antiguidade. Os nossos antepassados estavam conscientes das suas propriedades curativas, utilizando-o não só como tempero mas também como planta medicinal.

O alho prospera em várias regiões do Irão, incluindo Hamedan, Azerbaijão, Khorasan, Semnan, Mazandaran, Khuzestan, Hormozgan e províncias centrais. Nos últimos anos, o Irão registou com êxito os seus produtos de alho internacionalmente, estabelecendo um mercado significativo para a exportação de alho iraniano de alta qualidade.

Nomeadamente, o alho iraniano, especialmente as variedades como o alho de Hamedan e o alho vermelho do Azerbaijão, distingue-se pela sua qualidade orgânica, excelente sabor e aroma, em comparação com o alho chinês. O clima único do Irão, caracterizado por luz solar contínua, condições meteorológicas adequadas e solo favorável, contribui para a qualidade superior do seu alho.

Figura 4. Como cultivar alho

O que é a Allicina e a sua importância?

A alicina é um importante composto ativo do alho, responsável pelo seu cheiro e sabor picante caraterísticos. Possui várias propriedades medicinais tradicionalmente utilizadas para tratar vários problemas de saúde. O ingrediente ativo alicina no alho apresenta efeitos antibacterianos, antifúngicos, anti-inflamatórios e antioxidantes. Além disso, é conhecido pelas suas propriedades antivirais e pode ser eficaz contra determinadas infecções e vírus.

Allicina: O ingrediente ativo do alho

A alicina é um composto oleoso amarelo-claro que produz o aroma e o picante caraterísticos do alho, por vezes designado por óleo de alho. Sendo uma das principais substâncias activas do alho iraniano, a alicina tem inúmeros efeitos positivos na saúde humana e é reconhecida como um medicamento natural e uma fonte alimentar valiosa.

Comparação dos teores de alicina no alho de Hamedan

A alicina é o composto mais importante do alho, razão pela qual o alho é frequentemente considerado mais um tratamento à base de plantas do que um mero suplemento alimentar. Para além da alicina, o alho é rico em vitaminas B, vitamina C e minerais essenciais como o ferro, germânio, magnésio, potássio, cálcio, enxofre, fósforo, manganês, ácido fólico, sódio e zinco. Nomeadamente, a quantidade de alicina no alho Hamedan é aproximadamente 80-85% superior à de outras variedades de alho disponíveis no mercado. Esta concentração mais elevada contribui para os seus efeitos antimicrobianos mais fortes e para o seu estatuto estimado na medicina tradicional, incluindo a sua eficácia na prevenção da queda de cabelo causada por fungos ou bactérias.

A importância do alho iraniano no mercado internacional de exportação

As condições favoráveis do clima e do solo no Irão tornaram o alho iraniano cada vez mais popular em todo o mundo devido às suas propriedades nutricionais e medicinais. O sabor único do alho iraniano distingue-o do alho cultivado noutras regiões. O seu aroma especial reflecte as condições naturais e orgânicas da sua produção agrícola. O alho iraniano é muito procurado nos mercados de países como a Rússia, o Iraque, o Kuwait e a China. Consequentemente, muitos agricultores estão a cultivar alho em várias regiões do país, particularmente em Hamedan, Ahvaz, Mazandaran e Azerbaijão, sendo Hamedan reconhecido como um centro de produção de alho no Médio Oriente.

Benefícios da utilização do alho de Hamedan e do alho vermelho do Azerbaijão

O alho é uma erva de baixas calorias e uma boa fonte de fibra. A alicina presente no alho ajuda a regular a pressão arterial, limitando a produção da hormona angiotensina II. Além disso, a alicina desempenha um papel vital na desintoxicação do corpo e na redução dos níveis de chumbo no sangue. As propriedades medicinais de renome do alho iraniano incluem:

- Reforço do sistema imunitário e ajuda no tratamento das constipações (doenças virais)
- Efeitos anti-envelhecimento, melhoria dos sintomas da doença de Alzheimer e prevenção da demência
- Reduzir o colesterol LDL (mau) e prevenir o aumento da gordura no sangue
- Propriedades anti-cancerígenas, nomeadamente contra os cancros gastrointestinais

Época óptima de cultivo do alho em Hamedan e no Azerbaijão

O alho requer temperaturas frescas e períodos curtos de luz do dia para o crescimento vegetativo, seguidos de temperaturas quentes e dias mais longos para a formação de tubérculos. A cultura do alho iraniano demora, em geral, 100 a 120 dias. A plantação pode começar no outono ou durante o inverno relativamente frio, desde que haja uma cobertura de neve adequada, seguida de uma primavera chuvosa e de dias de verão quentes e soalheiros com noites frescas. Em Hamedan e no Azerbaijão, os agricultores plantam o alho no início de outubro, quando o ar arrefece. Cuidam das plantas e regam-nas até ao final da primavera. A colheita é efectuada no final de junho, quando as folhas começam a murchar. O alho cultivado em épocas mais quentes, como a primavera ou o início do verão, pode dar origem a plantas mais pequenas e pode sofrer danos causados pelas geadas se for germinado em épocas frias, o que conduz a uma qualidade inferior.

Biodiversidade e ecologia das espécies de alho no Irão

As diversas condições climáticas do Irão criam um habitat único para o cultivo de uma grande variedade de espécies de alho (Allium sativum). Esta diversidade geográfica levou ao desenvolvimento de ecotipos de alho geneticamente e bioquimicamente distintos em diferentes regiões do país. O alho iraniano não é apenas um alimento básico para a culinária, mas é também muito apreciado pelas suas propriedades medicinais e industriais, atraindo um interesse significativo por parte dos investigadores.

Principais regiões de cultivo de alho no Irão

As principais regiões produtoras de alho no Irão incluem Hamadan, Azerbaijão, Curdistão e Khorasan. Cada uma destas zonas desenvolveu ecótipos únicos de alho, influenciados pelas suas condições climáticas específicas, que resultam em variações da composição química e das propriedades biológicas.

Hamadã

O alho de Hamadan, caracterizado pelo seu clima semi-árido e frio, é notável pelos seus elevados níveis de alicina e outros compostos de enxofre. Estes compostos possuem fortes propriedades antimicrobianas e antibióticas, ajudando na luta contra as infecções bacterianas e virais. O solo rico em enxofre da região reforça as qualidades medicinais do alho de Hamadan, tornando-o uma cultura valiosa para aplicações farmacêuticas.

Azerbaijão

Nas regiões montanhosas do Azerbaijão, as espécies de alho desenvolvem-se em solos ricos em minerais e em climas mais frios. Este ambiente produz um alho rico em compostos antimicrobianos e antioxidantes, eficazes na proteção contra doenças metabólicas e cardiovasculares. O alho do

Azerbaijão é particularmente reconhecido pela sua elevada atividade antioxidante, que ajuda a prevenir o stress oxidativo e os danos celulares.

Corásia

As espécies de alho de Khorasan adaptaram-se às condições secas e severas da região, produzindo compostos contendo enxofre com propriedades anti-cancerígenas. As tensões ambientais nesta área estimulam a síntese de compostos protectores no alho, que são reconhecidos pelo seu potencial na prevenção e tratamento do cancro. O alho de Khorasan é particularmente apreciado pela sua elevada concentração de compostos de enxofre, que se revelaram promissores na inibição do crescimento das células cancerígenas.

O impacto do clima e das condições do solo no crescimento e na qualidade do alho

As condições climáticas e do solo influenciam significativamente o crescimento e a qualidade do alho (Allium sativum). Vários factores-chave, incluindo a temperatura, a composição do solo, as práticas de rega e a fertilização, contribuem para o cultivo ideal do alho.

Temperatura

A temperatura desempenha um papel crucial no desenvolvimento dos bolbos. A investigação indica que o alho se desenvolve melhor em temperaturas que variam entre 25°C e 30°C, especialmente quando acompanhadas por um fotoperíodo de 14 a 16 horas de luz. Estas condições ideais aumentam o tamanho, o diâmetro e a qualidade nutricional dos bolbos, incluindo a concentração de compostos essenciais como os fenóis, as proteínas solúveis e os açúcares. Por exemplo, o aumento da temperatura e a exposição prolongada à luz têm sido associados a níveis mais elevados de alicina, um composto responsável pelas propriedades antimicrobianas e promotoras da saúde do alho.

Qualidade e composição do solo

A qualidade e a composição do solo são vitais para a cultura do alho. Os solos ricos em matéria orgânica, como os enriquecidos com composto ou estrume, melhoram a retenção de água, a disponibilidade de nutrientes e o desenvolvimento das raízes. Uma estrutura adequada do solo, particularmente uma boa drenagem, é essencial para evitar o encharcamento, que pode levar ao apodrecimento das raízes e à diminuição da qualidade dos bolbos. Em regiões com má drenagem, recomenda-se frequentemente a utilização de canteiros elevados para melhorar o fluxo de ar e o controlo da humidade à volta das raízes.

Práticas de rega

As práticas de rega consistentes e moderadas são cruciais para otimizar o crescimento do alho. O alho necessita de humidade constante durante todo o período de crescimento; no entanto, demasiada humidade pode provocar doenças fúngicas, ao passo que água insuficiente pode prejudicar o crescimento. A irrigação por gotejamento é frequentemente recomendada para garantir uma distribuição uniforme da água e evitar a saturação excessiva.

Fertilização

Finalmente, a fertilização adequada é essencial para maximizar o rendimento do alho. Os fertilizantes orgânicos, como o composto e o estrume envelhecido, fornecem nutrientes de libertação lenta, assegurando um fornecimento constante de minerais essenciais sem o risco de fertilização excessiva. A fertilização excessiva pode levar a um crescimento excessivo da folhagem em detrimento do desenvolvimento dos bolbos.

Métodos sustentáveis e orgânicos no cultivo do alho

A cultura sustentável e biológica do alho tem como objetivo otimizar o rendimento, preservando a integridade ambiental. Estas práticas baseiam-se em factores de produção naturais e processos ecológicos, minimizando a utilização de produtos químicos sintéticos.

1. **Saúde do solo e fertilização orgânica**

O cultivo sustentável de alho enfatiza a melhoria da fertilidade do solo através de materiais orgânicos, como composto, estrume e culturas de cobertura verde. O composto e o vermicomposto são essenciais para fornecer nutrientes essenciais lentamente, melhorando a estrutura do solo, aumentando a atividade microbiana e melhorando a retenção de água. A rotação de culturas e a utilização de culturas de cobertura, como o trevo ou as leguminosas, ajudam a fixar o azoto e a evitar o esgotamento do solo.

2. **Gestão de pragas e doenças**

A cultura biológica do alho evita pesticidas sintéticos e centra-se em métodos naturais de controlo de pragas. As práticas de Gestão Integrada de Pragas (GIP), tais como a plantação associada, os controlos biológicos (por exemplo, a introdução de insectos predadores) e os sprays de óleo de neem biológico, são normalmente utilizados para gerir pragas como tripes, nemátodos e pulgões. A gestão das doenças dá ênfase à seleção de variedades resistentes às doenças e à manutenção de uma higiene adequada das culturas para evitar infecções fúngicas, incluindo a podridão branca.

3. **Gestão da água**

A utilização eficiente da água é essencial para uma cultura sustentável do alho. Os sistemas de irrigação por gotejamento são recomendados, uma vez que reduzem o consumo de água, mantendo a humidade do solo. Este método ajuda a minimizar o desperdício de água e evita o encharcamento, que pode levar ao apodrecimento das raízes. A cobertura morta também é utilizada para reter a humidade do solo e suprimir o crescimento de ervas daninhas.

4. Biodiversidade e rotação de culturas

A rotação do alho com culturas não relacionadas reduz a acumulação de doenças e pragas transmitidas pelo solo. Além disso, a incorporação da biodiversidade através de sistemas de culturas mistas aumenta a fertilidade do solo e reduz os surtos de pragas, contribuindo para um agroecossistema mais resistente.

5. Seleção e propagação de sementes

A cultura biológica do alho dá prioridade à utilização de sementes de variedades autóctones e biológicas para preservar a diversidade genética e melhorar a resistência das culturas. Os agricultores frequentemente selecionam e propagam bolbos a partir de plantas sem doenças para manter um stock saudável para a época de plantação seguinte.

Técnicas moleculares para a identificação de espécies de alho

As técnicas moleculares revolucionaram a identificação e classificação das espécies de alho (Allium sativum), fornecendo métodos precisos e fiáveis para distinguir entre diferentes cultivares e clones. Dada a reprodução assexuada do alho através da propagação clonal, os marcadores moleculares são especialmente importantes para compreender a diversidade genética, a filogenia e a gestão de colecções de germoplasma.

1. AFLP (Polimorfismo de Comprimento de Fragmento Amplificado)

A AFLP é amplamente utilizada no alho devido à sua elevada reprodutibilidade e capacidade de detetar polimorfismos em todo o genoma.

Esta técnica tem sido utilizada para estudar a diversidade genética de clones de alho em várias regiões, ajudando na classificação de cultivares e ecotipos. Os marcadores AFLP têm sido fundamentais para distinguir acessos de alho estreitamente relacionados que podem não ser diferenciados morfologicamente.

2. SSR (Simple Sequence Repeat)

Os marcadores SSR, também conhecidos como microssatélites, são altamente polimórficos e específicos, o que os torna ideais para a identificação de genótipos de alho. Têm sido utilizados para avaliar a diversidade genética e a estrutura populacional do alho, nomeadamente em programas de melhoramento. Os marcadores SSR são eficazes na identificação de variações genéticas e no rastreio de linhagens dentro da espécie.

3. RAPD (Random Amplified Polymorphic DNA)

O RAPD é outro sistema de marcadores utilizado na identificação de espécies de alho, especialmente para o rastreio rápido da diversidade genética. No entanto, tem uma menor reprodutibilidade em comparação com AFLP e SSR, o que limita a sua utilização em estudos de grande escala. Apesar destas limitações, o RAPD tem sido utilizado para o mapeamento genético preliminar e para avaliar as variações entre cultivares de alho.

4. Sequenciação ITS (Internal Transcribed Spacer)

A região ITS do ADN ribossómico é habitualmente utilizada para estudos filogenéticos e identificação ao nível das espécies. A sequenciação ITS fornece informações sobre as relações evolutivas entre as espécies de alho e outras espécies de Allium. Este método provou ser eficaz na clarificação de ambiguidades taxonómicas dentro do género, permitindo uma distinção clara entre alho selvagem e cultivado.

5. Sequenciação de nova geração (NGS)

As tecnologias NGS, como o RNA-Seq e os estudos de associação de todo o genoma (GWAS), são cada vez mais aplicadas à investigação do alho para o mapeamento exaustivo do genoma e a análise do transcriptoma. Estes métodos facilitam a descoberta de novos genes associados a caraterísticas como a resistência a pragas, o desenvolvimento de bolbos e a tolerância ao stress. Espera-se que o NGS desempenhe um papel significativo nos futuros programas de melhoramento do alho, acelerando a identificação de caraterísticas genéticas favoráveis.

Análise do Genoma e Diversidade Genética de Variedades de Alho

O alho (Allium sativum) é uma cultura de propagação assexuada, o que faz com que a sua diversidade genética e a análise do genoma sejam fundamentais para compreender os seus traços evolutivos, as estratégias de reprodução e o potencial de melhoramento da cultura. Os recentes avanços nas ferramentas genómicas facilitaram estudos aprofundados da diversidade genética do alho, permitindo aos investigadores explorar o seu complexo genoma, o que contribuiu significativamente para uma melhor reprodução e conservação do germoplasma.

1. Tamanho e complexidade do genoma

O genoma do alho é grande e complexo devido ao seu elevado teor de sequências de ADN repetitivas e à ausência de reprodução sexual. A investigação que utiliza tecnologias de sequenciação de nova geração (NGS) forneceu uma imagem mais clara da estrutura do genoma, revelando que o genoma do alho tem aproximadamente 16 gigabases de tamanho. Este grande genoma é composto principalmente por elementos repetitivos, o que complica os esforços de sequenciação.

2. Estudos de diversidade genética

A diversidade genética do alho é frequentemente avaliada com recurso a marcadores moleculares como os Simple Sequence Repeats (SSR), o Amplified Fragment Length Polymorphism (AFLP) e o Random Amplified Polymorphic DNA (RAPD). Estes marcadores diferenciam os acessos de alho e identificam as relações genéticas entre várias variedades autóctones e cultivares. Por exemplo, um estudo de variedades de alho de diferentes regiões utilizando marcadores SSR demonstrou uma diversidade genética significativa, essencial para programas de melhoramento destinados a desenvolver variedades com caraterísticas agronómicas melhoradas, incluindo resistência a doenças e qualidade dos bolbos.

3. Análise filogenética e domesticação

A sequenciação do espaçador transcrito interno (ITS) tem sido amplamente utilizada para a análise filogenética do alho e de outras espécies de Allium. Estes estudos esclarecem as relações evolutivas entre o alho cultivado e os seus parentes selvagens, como o Allium longicuspis, que se crê ser um dos seus antepassados. Os estudos filogenéticos clarificam as vias de domesticação do alho, revelando uma história complexa de migração e seleção.

4. Utilização da genómica de alto rendimento na reprodução

A integração dos estudos de associação do genoma (GWAS) e da sequenciação do RNA na investigação do alho permitiu a identificação de genes específicos relacionados com caraterísticas importantes, como o tamanho dos bolbos, a época de floração e a resistência a pragas. Estas abordagens permitem aos investigadores efetuar rastreios em grande escala da variação genética e associá-la a caraterísticas fenotípicas, acelerando a criação de variedades de alho com as caraterísticas desejadas.

5. Conservação dos recursos genéticos

Os estudos de diversidade genética desempenham um papel vital na conservação do germoplasma de alho. Os marcadores moleculares ajudam a identificar acessos duplicados nos bancos de genes e a assegurar a conservação adequada dos recursos genéticos. Isto é particularmente importante para o alho, uma vez que a sua propagação clonal pode levar à perda de diversidade genética ao longo do tempo se não for corretamente gerida.

Reprodução e melhoramento genético do alho para melhorar as suas propriedades medicinais

O alho (Allium sativum) é conhecido pelas suas propriedades medicinais, atribuídas principalmente a compostos que contêm enxofre, como a alicina. Estes compostos apresentam fortes efeitos antimicrobianos, antivirais e anticancerígenos, sublinhando o valor do alho como cultura medicinal. As técnicas modernas de reprodução e melhoramento genético têm como objetivo melhorar estas propriedades terapêuticas, visando caraterísticas específicas através de tecnologias moleculares e de reprodução avançadas.

1. Variação genética e seleção para um elevado teor de alicina

A alicina é o composto mais importante do alho no que respeita às suas propriedades medicinais. Os programas de melhoramento centram-se na seleção de variedades de alho com elevado teor de alicina. Os estudos de associação de todo o genoma (GWAS) e a seleção assistida por marcadores (MAS) são utilizados para identificar marcadores genéticos associados a uma maior produção de alicina. Através destes métodos, os criadores podem selecionar cultivares que produzem naturalmente níveis mais elevados de compostos bioactivos, melhorando assim a eficácia terapêutica da cultura.

2. Tecnologias de edição do genoma (CRISPR/Cas9)

O advento da tecnologia CRISPR/Cas9 permite a edição precisa de genes no alho, visando genes responsáveis pela regulação da produção de compostos contendo enxofre. Os investigadores estão a explorar esta tecnologia para criar variedades de alho com maiores concentrações de tiossulfinatos, que são essenciais para as propriedades antimicrobianas e antioxidantes do alho. Ao eliminar ou modificar genes específicos, o CRISPR/Cas9 pode afinar as vias de biossíntese destes compostos.

3. Hibridação e reprodução poliploide

Embora o alho seja tipicamente propagado assexuadamente, estão a ser exploradas técnicas de hibridação, incluindo a poliploidia, para aumentar a diversidade genética. A criação de poliplóides pode aumentar o tamanho dos bolbos e melhorar potencialmente a concentração de compostos medicinais, como os flavonóides e as saponinas. Estes compostos contribuem para os efeitos anti-inflamatórios e de reforço imunitário do alho, que são de grande interesse para aplicações farmacêuticas.

4. Abordagens metabolómicas no melhoramento do alho

A metabolómica é crucial para compreender as vias bioquímicas envolvidas na síntese de compostos medicinais no alho. Ao analisar os perfis metabolómicos de diferentes cultivares, os criadores podem identificar variedades com níveis mais elevados de compostos bioactivos, como os sulfóxidos, conhecidos pelas suas propriedades de combate ao cancro. Estes conhecimentos ajudam a selecionar e a criar variedades de alho optimizadas para utilizações medicinais.

5. Intervenções biotecnológicas

As ferramentas biotecnológicas, como a cultura de tecidos e a seleção in vitro, são utilizadas para propagar alho sem doenças e com propriedades medicinais melhoradas. A cultura de tecidos permite a rápida propagação de variedades geneticamente superiores, garantindo uma produção consistente de compostos medicinais de alta qualidade. Além disso, a variação somaclonal gerada através da cultura de tecidos pode introduzir novas variações genéticas, melhorando potencialmente as caraterísticas terapêuticas.

6. Identificação e quantificação de compostos bioactivos

A identificação e quantificação de compostos bioactivos em espécies de alho requerem técnicas analíticas avançadas para detetar com precisão uma vasta gama de compostos contendo enxofre e outros metabolitos secundários. A cromatografia líquida de alta eficiência (HPLC) é amplamente utilizada para separar e identificar compostos como a alicina e os derivados de enxofre (por exemplo, dissulfureto de dialilo e trissulfureto de dialilo). A cromatografia gasosa acoplada à espetrometria de massa (GC-MS) permite uma análise precisa de compostos de enxofre voláteis, enquanto a cromatografia líquida-espetrometria de massa em tandem (LC-MS/MS) permite obter informações sobre compostos não voláteis e polares.

Estes métodos permitem investigações exaustivas de vários compostos bioactivos do alho, incluindo a alicina, o ajoeno, os sulfóxidos de alquilo e as saponinas, que desempenham um papel crucial nas propriedades medicinais da planta. Estudos recentes aproveitam também a metabolómica e a caraterização de metabolitos, utilizando a ressonância magnética nuclear (RMN) e a espetrometria de massa (EM) para explorar as vias bioquímicas envolvidas na produção destes compostos. A espetroscopia de infravermelhos com transformada de Fourier (FTIR) ajuda ainda a examinar as ligações químicas entre os compostos bioactivos, melhorando a nossa compreensão da diversidade entre as espécies de alho.

A investigação indica que vários factores, incluindo a localização geográfica, as condições climáticas e os processos pós-colheita, influenciam significativamente a concentração de compostos bioactivos no alho. Por exemplo, as espécies de alho cultivadas em regiões montanhosas apresentam frequentemente concentrações mais elevadas de compostos de enxofre, que se correlacionam com propriedades anticancerígenas e antimicrobianas mais fortes. Por conseguinte, a otimização das condições de crescimento e a seleção de espécies de elevado valor com base no teor de compostos bioactivos são os principais objectivos de muitos programas de melhoramento biotecnológico e de criação de alho.

Diferenças fitoquímicas entre espécies de alho

As diferenças fitoquímicas entre as espécies de alho influenciam significativamente as suas propriedades medicinais, principalmente devido a níveis variáveis de compostos contendo enxofre, flavonóides, saponinas e compostos organosulfurados. Por exemplo, o Allium sativum, a espécie de alho mais comum, é rico em alicina e outros derivados de enxofre, que contribuem para as suas fortes actividades antimicrobianas, anticancerígenas e antioxidantes. Em contrapartida, outras espécies, como o Allium ampeloprasum e o Allium scorodoprasum, apresentam perfis fitoquímicos distintos, com níveis mais elevados de determinados flavonóides e polifenóis que reforçam as suas propriedades anti-inflamatórias e imunitárias.

Os factores ambientais, os métodos de cultivo e a variação genética desempenham papéis vitais na determinação da concentração e da composição destes compostos bioactivos. O perfil metabolómico e as análises quimiométricas têm sido utilizados para mapear estas variações, fornecendo informações valiosas para a seleção de espécies com utilizações medicinais específicas. Estudos recentes que utilizam as técnicas LC-MS/MS e NMR destacam a forma como as variações fitoquímicas podem otimizar a eficácia do alho no tratamento de doenças como o cancro, doenças cardiovasculares e infecções microbianas.

Métodos avançados de análise fitoquímica

As técnicas avançadas de análise fitoquímica, incluindo a cromatografia gasosa e a espetrometria de massa (GC-MS) e a cromatografia líquida de alta eficiência (HPLC), são essenciais para identificar e quantificar os diversos compostos bioactivos em diferentes espécies de alho. Estes métodos permitem a separação e a deteção dos principais compostos contendo enxofre, flavonóides e outros metabolitos secundários essenciais para as propriedades medicinais do alho.

A GC-MS é particularmente eficaz na análise de compostos de enxofre voláteis, como o dissulfureto de dialilo, o trissulfureto de dialilo e a alicina, que são cruciais para as actividades antimicrobianas e antioxidantes do alho. Por outro lado, a HPLC é especializada na separação de compostos não voláteis, como saponinas e ácidos fenólicos, oferecendo alta sensibilidade e precisão para quantificação. Avanços recentes, incluindo a integração da cromatografia líquida com a espetrometria de massa em tandem (LC-MS/MS), proporcionaram uma visão mais aprofundada da complexidade fitoquímica do alho, permitindo aos investigadores explorar as vias biossintéticas e identificar marcadores para programas de melhoramento genético destinados a aumentar as caraterísticas medicinais.

Novos métodos de extração de compostos activos utilizando a nanotecnologia

A nanotecnologia surgiu como uma ferramenta poderosa para melhorar a extração, a estabilidade e a administração de compostos bioactivos de plantas medicinais, incluindo o alho. Os compostos activos, como a alicina e outros componentes que contêm enxofre, são particularmente vulneráveis à degradação devido à sua natureza volátil durante a extração e a preparação. Assim, o recurso à nanotecnologia é vital para proteger estes compostos e aumentar a sua eficácia.

Nanoemulsões

As nanoemulsões são sistemas bifásicos formados pela dispersão de pequenas gotículas de um líquido noutro líquido. Nestes sistemas, os compostos bioactivos do alho são encapsulados na fase oleosa, aumentando a estabilidade de compostos sensíveis como a alicina contra as condições ambientais. Além disso, as nanoemulsões melhoram a biodisponibilidade destes compostos, facilitando uma melhor absorção devido à maior área de superfície proporcionada por partículas de menor dimensão.

Nanopartículas lipídicas sólidas (SLNs)

As nanopartículas lipídicas sólidas (SLN) são sistemas à nanoescala feitos de lípidos sólidos que encapsulam compostos bioactivos como a alicina. Estes sistemas são importantes em aplicações farmacêuticas, uma vez que protegem os compostos instáveis e permitem uma libertação controlada e direcionada no organismo. Estudos demonstram que os SLNs podem melhorar as propriedades medicinais do alho através da libertação controlada e da redução da degradação durante a digestão.

Nanoencapsulação

O nanoencapsulamento encerra compostos activos numa matriz à escala nanométrica. As nanocápsulas à base de polissacáridos são eficazes para os bioactivos do alho, permitindo uma entrega controlada e orientada para partes específicas do corpo. Este método melhora a solubilidade e a absorção de compostos pouco solúveis em água, aumentando assim a biodisponibilidade.

Nanopartículas metálicas

As nanopartículas metálicas, como as nanopartículas de prata ou de ouro, são também utilizadas como transportadoras de compostos bioactivos do alho. Estas nanopartículas podem amplificar as actividades antioxidantes e antimicrobianas do alho, mostrando potenciais aplicações nas indústrias farmacêutica e nutricional.

Benefícios da nanotecnologia

Estabilidade e eficácia: Uma das vantagens mais importantes da nanotecnologia é a melhoria da estabilidade de compostos instáveis como a alicina. As nanopartículas protegem da degradação os compostos sensíveis à luz, ao calor e à oxidação. Por exemplo, estudos demonstram que as SLNs protegem eficazmente a alicina de condições desfavoráveis, aumentando consequentemente o prazo de validade dos compostos activos no produto final.

Entrega direcionada e controlada: Outra grande vantagem da nanotecnologia é a administração orientada de compostos bioactivos. Os sistemas nanocarreadores podem direcionar compostos activos para tecidos ou órgãos específicos, aumentando a sua eficácia terapêutica. Por exemplo, as nanopartículas de alho podem ser direcionadas para tecidos específicos, como o trato gastrointestinal ou áreas infectadas, aumentando eficazmente os efeitos antibacterianos e antivirais do alho.

Nanoencapsulação e sistemas de administração de medicamentos à base de alho

A nanoencapsulação surgiu como uma tecnologia inovadora na indústria farmacêutica, melhorando significativamente a biodisponibilidade, a estabilidade e a eficácia terapêutica dos compostos bioactivos naturais, particularmente os encontrados no alho (Allium sativum). O alho é conhecido pela sua vasta gama de propriedades medicinais, incluindo benefícios antimicrobianos, anticancerígenos e cardiovasculares, atribuídos principalmente aos seus compostos contendo enxofre, como a alicina, o ajoeno e o dissulfureto de dialilo. No entanto, a instabilidade inerente a estes compostos, especialmente a alicina, apresenta desafios para a sua extração, armazenamento e distribuição eficaz. O nanoencapsulamento oferece uma solução promissora, melhorando a estabilidade, permitindo a libertação controlada e facilitando a administração orientada dos bioactivos do alho.

Técnicas de nanoencapsulação de compostos de alho

A nanoencapsulação envolve a incorporação de compostos bioactivos em transportadores de dimensão nanométrica. As técnicas comuns de encapsulamento de bioactivos do alho incluem nanopartículas à base de lípidos, nanopartículas poliméricas e nanocarreadores inorgânicos. Estes transportadores protegem os componentes voláteis e instáveis do alho, como a alicina, da degradação devida a factores ambientais como o calor, o oxigénio e a luz. Nomeadamente, as nanopartículas lipídicas sólidas (SLN) e os transportadores lipídicos nanoestruturados (NLC) têm sido amplamente utilizados para encapsular os compostos bioactivos do alho, melhorando tanto a estabilidade como as propriedades de libertação sustentada e orientada, que são essenciais para maximizar a eficácia terapêutica.

Sistemas de administração de nanofármacos à base de alho

Os sistemas de administração de medicamentos à base de alho demonstraram ter potencial para melhorar a biodisponibilidade e a ação terapêutica dos compostos de alho. Os nanocarreadores, como as nanopartículas de quitosano, os lipossomas e as nanocápsulas à base de polissacáridos, são particularmente eficazes para melhorar a administração dos bioactivos do alho a tecidos-alvo específicos. Estes sistemas permitem uma libertação controlada, assegurando que os compostos bioactivos são entregues durante um período prolongado nos locais desejados do corpo.

Por exemplo, os extractos de alho encapsulados em lipossomas mostraram efeitos antimicrobianos e anticancerígenos melhorados em estudos in vitro e in vivo. Os lipossomas, vesículas esféricas compostas por fosfolípidos, facilitam a administração de compostos de alho hidrofóbicos devido à sua estrutura em bicamada, que imita as membranas celulares e promove uma melhor absorção e absorção celular.

Libertação direcionada e controlada

Uma das principais vantagens do nanoencapsulamento é a sua capacidade de atingir tecidos ou células específicos, aumentando assim os efeitos terapêuticos dos compostos de alho. Por exemplo, as nanopartículas carregadas de alicina foram utilizadas para atingir especificamente as células cancerosas, melhorando os efeitos citotóxicos da alicina nas células malignas e minimizando os danos nos tecidos saudáveis. A libertação orientada melhora o perfil farmacocinético dos compostos activos, assegurando que permanecem eficazes por períodos mais longos e atingem os locais de ação pretendidos sem serem prematuramente degradados por processos metabólicos.

Aumento da biodisponibilidade

Os sistemas de nanoencapsulação aumentam significativamente a biodisponibilidade dos bioactivos do alho. Muitos dos principais compostos do alho apresentam baixa solubilidade e fraca biodisponibilidade quando administrados em formas tradicionais, como o alho cru ou extractos. As nanopartículas aumentam a solubilidade destes compostos hidrofóbicos, tornando-os mais facilmente absorvíveis no trato gastrointestinal. Esta melhoria da biodisponibilidade traduz-se num efeito terapêutico mais potente, mesmo em doses mais baixas.

Aplicações em várias doenças

Os sistemas de administração de nanofármacos à base de alho têm sido investigados pelas suas potenciais aplicações no tratamento de numerosas doenças, incluindo cancro, doenças cardiovasculares, infecções e condições inflamatórias. O encapsulamento de compostos de enxofre derivados do alho em nanopartículas biocompatíveis e biodegradáveis demonstra resultados promissores no reforço dos efeitos anticancerígenos, antitrombóticos e antimicrobianos do alho. Além disso, estes sistemas têm sido explorados em terapias antioxidantes e anti-inflamatórias, onde a libertação prolongada de bioactivos do alho é vantajosa para a gestão de doenças crónicas.

Vantagens da nanotecnologia no aumento da eficácia e da estabilidade dos medicamentos à base de alho

A nanotecnologia é uma ferramenta avançada na administração de medicamentos que melhora significativamente a eficácia e a estabilidade dos medicamentos à base de alho. Os compostos bioactivos presentes no alho, nomeadamente a alicina, o ajoeno e o dissulfureto de dialilo, são conhecidos pelas suas propriedades biológicas, incluindo efeitos anti-inflamatórios, anticancerígenos e antimicrobianos. No entanto, estes compostos enfrentam desafios como a instabilidade inerente quando expostos a factores ambientais (calor, luz e oxidação) e a baixa biodisponibilidade no organismo. A nanotecnologia oferece uma solução inovadora ao melhorar as propriedades físico-químicas destes compostos, conduzindo a melhores aplicações farmacêuticas.

Aumento da estabilidade dos bioactivos do alho

Uma das principais vantagens da nanotecnologia é o aumento da estabilidade dos compostos instáveis do alho. Estes compostos são propensos a uma rápida degradação devido a factores ambientais e processos metabólicos. A utilização de nanopartículas lipídicas, lipossomas e nanocápsulas pode proteger estes compostos contra influências nocivas e aumentar a sua estabilidade durante o armazenamento e o transporte. Por exemplo, as nanopartículas lipídicas sólidas (SLN) protegeram eficazmente a alicina da oxidação, aumentando significativamente a sua estabilidade.

Libertação controlada e direcionada

A nanotecnologia permite também a libertação controlada e orientada dos compostos bioactivos do alho. Os nanocarreadores, como os lipossomas e as nanopartículas de quitosano, permitem a libertação precisa dos componentes bioactivos do alho em locais específicos do organismo. Esta capacidade é particularmente benéfica para o cancro e as terapias antimicrobianas, concentrando o fármaco nas células-alvo e minimizando os efeitos secundários. Os estudos demonstraram que as nanocápsulas carregadas de alicina podem atingir eficazmente as células cancerígenas, reduzindo o crescimento do tumor e poupando os tecidos saudáveis.

Biodisponibilidade melhorada

A nanotecnologia desempenha um papel crucial na melhoria da

biodisponibilidade dos bioactivos do alho, o que aumenta diretamente a sua eficácia terapêutica. Muitos compostos de alho apresentam uma fraca solubilidade em água, o que leva a uma absorção inadequada no trato gastrointestinal. Utilizando nanopartículas poliméricas e lipídicas, a solubilidade e a absorção dos compostos hidrofóbicos do alho podem ser significativamente melhoradas, resultando numa maior biodisponibilidade. Este aumento traduz-se em efeitos terapêuticos mais fortes, mesmo em doses mais baixas, reduzindo assim os efeitos secundários e melhorando o perfil de segurança dos medicamentos à base de alho.

Propriedades farmacocinéticas melhoradas

A nanotecnologia pode melhorar as propriedades farmacocinéticas dos compostos de alho, que são normalmente metabolizados e decompostos rapidamente no organismo, limitando a duração da sua eficácia. Ao utilizar nanopartículas, a meia-vida destes compostos bioactivos pode ser prolongada, garantindo efeitos terapêuticos prolongados. Por exemplo, foi demonstrado que as nanocápsulas à base de polissacáridos regulam a taxa de libertação da alicina, prolongando o seu impacto terapêutico no organismo.

Toxicidade e efeitos secundários reduzidos

Outra vantagem significativa da nanotecnologia nos medicamentos à base de alho é a redução da toxicidade e dos efeitos secundários. Ao facilitar a administração controlada e direcionada de medicamentos, a exposição de tecidos saudáveis ao medicamento é minimizada, diminuindo o risco de efeitos adversos. Esta caraterística é particularmente importante nos tratamentos anticancerígenos, em que doses elevadas podem ser administradas diretamente às células cancerígenas sem prejudicar os tecidos saudáveis circundantes.

Estudos clínicos e experimentais sobre as propriedades medicinais do alho

O alho (Allium sativum) é uma das plantas medicinais mais utilizadas devido às suas propriedades antimicrobianas, anti-inflamatórias, anticancerígenas e de redução do colesterol. Os compostos bioactivos do alho, em particular a alicina, o dissulfureto de dialilo e o ajoeno, demonstraram efeitos significativos no tratamento e prevenção de várias doenças. Foram efectuados numerosos estudos clínicos e experimentais para avaliar a eficácia destes compostos em modelos humanos e animais. Esta secção analisa algumas das descobertas científicas mais recentes e importantes nesta área.

Mecanismos de ação dos compostos bioactivos do alho no tratamento de doenças Introdução

O alho (Allium sativum) é uma planta medicinal com uma longa história de utilização no tratamento e na prevenção de várias doenças. Os seus compostos bioactivos, nomeadamente a alicina, o ajoeno e o dissulfureto de dialilo, contribuem significativamente para as suas propriedades terapêuticas. Estes compostos actuam através de múltiplos mecanismos bioquímicos a nível celular e molecular, contribuindo para inibir o crescimento de agentes patogénicos, reduzir a inflamação, prevenir o cancro e melhorar a função cardiovascular. Este artigo analisa os principais mecanismos pelos quais estes compostos actuam no tratamento de doenças.

Propriedades anticancerígenas

O alho tem sido amplamente estudado pelos seus efeitos anticancerígenos. A investigação indica que os compostos bioactivos, nomeadamente a alicina e o dissulfureto de dialilo, podem inibir o crescimento das células cancerígenas e induzir a apoptose (morte celular programada). Um ensaio clínico aleatório demonstrou que os doentes com cancro gástrico que receberam extrato de alho apresentaram uma redução significativa do crescimento tumoral e uma melhoria global do seu estado (Chen et al., 2022). Além disso, os efeitos antioxidantes do alho desempenham um papel vital na proteção das células saudáveis contra o stress oxidativo.

Efeitos antimicrobianos e antivirais

O alho é reconhecido como um antibiótico natural com fortes propriedades antibacterianas, antivirais e antifúngicas. Estudos demonstraram que a alicina pode inibir eficazmente o crescimento de várias bactérias patogénicas, incluindo Staphylococcus aureus resistente à meticilina (MRSA). Num estudo com animais, a alicina reduziu significativamente as infecções bacterianas em ratos (Naseri et al., 2021). Além disso, a investigação antiviral indicou que o alho pode inibir vírus como o da gripe e o herpes simplex (Gupta et al., 2020).

Benefícios cardiovasculares

O alho é uma das plantas medicinais mais eficazes para melhorar a saúde cardiovascular devido aos seus efeitos de redução do colesterol e de regulação da tensão arterial. Estudos clínicos revelaram que os suplementos de alho podem reduzir o LDL (mau colesterol) e aumentar os níveis de HDL (bom colesterol). Além disso, o alho apresenta propriedades antitrombóticas, que ajudam a reduzir o risco de doenças cardiovasculares (Ried et al., 2021). Num ensaio clínico, os pacientes que consumiram suplementos de alho registaram reduções significativas da pressão arterial e melhoraram a função vascular.

Efeitos anti-inflamatórios

Estudos experimentais e clínicos demonstraram que o alho possui propriedades anti-inflamatórias que podem beneficiar indivíduos com doenças inflamatórias crónicas. Um estudo realizado em animais revelou que o extrato de alho reduziu significativamente as citocinas inflamatórias em ratos com inflamação crónica (Rahman et al., 2022). Além disso, os doentes com osteoartrite registaram uma redução da dor e uma melhoria da qualidade de vida quando utilizaram suplementos de alho .

Melhoria do sistema imunitário

O alho é também reconhecido pelas suas propriedades de reforço do sistema imunitário. Estudos clínicos mostram que o consumo regular de alho pode aumentar o número de células imunitárias, como macrófagos e linfócitos, e melhorar a resposta imunitária do organismo às infecções (Dong et al., 2020). Um ensaio clínico aleatório revelou que os indivíduos que receberam suplementos de alho tiveram uma redução significativa na incidência de constipações e gripes.

Mecanismos de ação do alho

1. Mecanismos antimicrobianos

O alho é amplamente reconhecido pelas suas potentes propriedades antimicrobianas, atribuídas principalmente ao composto alicina. A alicina inibe a síntese de proteínas e ácidos nucleicos nas bactérias, exercendo uma forte atividade antibacteriana. Também rompe as membranas celulares bacterianas, aumentando a permeabilidade e danificando as estruturas internas. Estudos indicam que a alicina pode reduzir a resistência de bactérias patogénicas, como o Staphylococcus aureus resistente à meticilina (MRSA) e a Escherichia coli. Além disso, o alho apresenta propriedades antivirais e antifúngicas, impedindo a ligação viral às células hospedeiras e inibindo a replicação viral.

2. Mecanismos anticancerígenos

Os compostos de enxofre presentes no alho, nomeadamente o dissulfureto de dialilo e o ajoeno, desempenham um papel crucial na inibição do crescimento das células cancerosas. Estes compostos induzem a paragem do ciclo celular em várias fases e promovem a apoptose (morte celular programada) nas células cancerosas. Foi demonstrado que o dissulfureto de dialilo inibe a via de sinalização NF-κB, que está envolvida na sobrevivência e proliferação das células cancerígenas. Além disso, a alicina aumenta a produção de espécies reactivas de oxigénio (ROS), conduzindo a danos oxidativos e à morte celular. O alho demonstrou eficácia na luta contra os cancros do estômago, do cólon, da próstata e da mama.

3. Mecanismos anti-inflamatórios

O alho apresenta fortes propriedades anti-inflamatórias ao inibir a produção de citocinas inflamatórias como o TNF-α, IL-1 β e IL-6. Estes compostos podem bloquear a via de sinalização NF-κB, que desempenha um papel crítico nas respostas inflamatórias. Além disso, o alho reduz a produção de prostaglandinas e leucotrienos, mediadores inflamatórios responsáveis pela dor e pelo inchaço. Estes efeitos contribuem para aliviar os sintomas de doenças inflamatórias crónicas, como a artrite reumatoide e a doença inflamatória intestinal.

4. Mecanismos cardiovasculares

Os compostos bioactivos do alho melhoram significativamente a saúde cardiovascular. A alicina e outros compostos de enxofre ajudam a prevenir a formação de placas ateroscleróticas, reduzindo o LDL (mau colesterol) e aumentando os níveis de HDL (bom colesterol). O alho também reduz a tensão arterial através da vasodilatação e da inibição da enzima conversora da angiotensina (ECA). Além disso, pode inibir a agregação plaquetária, reduzindo assim o risco de coágulos sanguíneos que podem levar a ataques cardíacos e acidentes vasculares cerebrais.

5. Mecanismos Antioxidantes

O alho é uma fonte rica de antioxidantes que ajudam a neutralizar os radicais livres e a reduzir os danos oxidativos no organismo. Os compostos antioxidantes do alho, incluindo o selénio e a vitamina C, protegem as células do stress oxidativo, reduzindo o risco de doenças crónicas associadas a radicais livres elevados, como o cancro e as doenças cardiovasculares. O alho também aumenta a atividade de enzimas antioxidantes como a superóxido dismutase e a catalase.

A utilização do alho no tratamento de doenças crónicas: Diabetes, cancro e doenças cardiovasculares

O alho (Allium sativum) é amplamente reconhecido pelas suas propriedades medicinais, em grande parte devido aos seus compostos bioactivos, como a alicina, o ajoeno e o dissulfureto de dialilo. Numerosos estudos clínicos e experimentais demonstraram que o alho desempenha um papel vital na prevenção e no tratamento de doenças crónicas, incluindo a diabetes, o cancro e as doenças cardiovasculares. Estes compostos bioactivos exercem os seus efeitos através de vários mecanismos, incluindo melhorias anti-inflamatórias, antioxidantes e metabólicas, que ajudam a gerir as condições dos pacientes com doenças crónicas. Segue-se uma análise aprofundada do papel do alho no tratamento destas doenças.

1. O papel do alho no tratamento da diabetes

O alho é conhecido pelos seus efeitos positivos no controlo da diabetes tipo 2. A investigação indica que os compostos activos do alho podem baixar os níveis de glicose no sangue e melhorar a sensibilidade à insulina. O alho inibe as enzimas alfa-glucosidase e alfa-amilase, que estão envolvidas na decomposição dos hidratos de carbono, reduzindo assim a absorção de glicose nos intestinos (Kooti et al., 2019). Além disso, as propriedades antioxidantes e anti-inflamatórias do alho ajudam a mitigar o stress oxidativo e a inflamação em pacientes diabéticos. Num ensaio clínico aleatório, o consumo diário de extrato de alho diminuiu significativamente os níveis de hemoglobina A1c, um marcador de controlo da glicemia a longo prazo, em indivíduos com diabetes (Zhou et al., 2023).

2. O papel do alho no tratamento do cancro

O alho é bem conhecido pelas suas propriedades anticancerígenas e é considerado uma das plantas medicinais mais eficazes na prevenção e tratamento do cancro. Os compostos de enxofre presentes no alho, nomeadamente o dissulfureto de dialilo e a alicina, inibem as proteínas de sinalização e as vias de proliferação celular, travando assim o crescimento das células cancerígenas. O alho induz igualmente a apoptose e aumenta a produção de espécies reactivas de oxigénio (ROS), levando à destruição das células cancerosas (Banerjee et al., 2021). Estudos demonstraram que o consumo regular de alho pode reduzir o risco de cancro do estômago, colorrectal e da próstata. Alguns ensaios clínicos registaram uma redução do tamanho do tumor e uma melhoria dos sintomas nos pacientes que utilizam suplementos de alho.

3. O papel do alho no tratamento de doenças cardiovasculares

As doenças cardiovasculares estão entre as principais causas de morte em todo o mundo, e o alho tem atraído a atenção pelos seus efeitos benéficos para a saúde cardiovascular. O alho contribui para as melhorias cardiovasculares ao baixar a tensão arterial, reduzir os níveis de LDL (mau colesterol) e aumentar os níveis de HDL (bom colesterol). Também inibe a agregação plaquetária, reduzindo assim o risco de coágulos sanguíneos e melhorando a saúde geral do coração (Ried et al., 2021). A investigação indica que o consumo regular de alho pode diminuir a rigidez arterial e melhorar a elasticidade vascular, reduzindo assim o risco de ataques cardíacos e acidentes vasculares cerebrais. Uma meta-análise mostrou que o alho reduziu significativamente a pressão arterial sistólica e diastólica em pacientes hipertensos.

Mecanismos de ação do alho no tratamento de doenças crónicas

Os compostos bioactivos do alho (Allium sativum) actuam através de vários mecanismos para melhorar a saúde dos pacientes com doenças crónicas. Segue-se uma visão global destes mecanismos e dos produtos inovadores à base de alho deles derivados.

1. Produtos inovadores à base de alho: Produção de suplementos e Medicamentos à base de plantas

Há muito que o alho é reconhecido pelas suas propriedades promotoras da saúde, principalmente devido aos seus compostos bioactivos como a alicina, o ajoeno e o dissulfureto de dialilo. Estes compostos têm um potencial terapêutico significativo, tornando o alho um candidato promissor para o desenvolvimento de produtos inovadores, incluindo suplementos dietéticos e medicamentos à base de plantas. A combinação da ciência farmacêutica, da biotecnologia e da investigação clínica é crucial para otimizar os benefícios medicinais do alho.

a. Suplementos alimentares à base de alho

Os suplementos alimentares à base de alho são amplamente utilizados pelas suas propriedades antioxidantes, anti-inflamatórias e de reforço imunitário.

Estes suplementos estão muitas vezes disponíveis sob a forma de comprimidos, cápsulas e pós, com o objetivo de proporcionar os benefícios do alho para a saúde num formato concentrado, ao mesmo tempo que abordam questões como o seu forte odor e a degradação dos seus compostos activos durante a cozedura. Um grande desafio na produção de suplementos é garantir a estabilidade da alicina, que se degrada rapidamente. Técnicas como o nanocapsulamento e os revestimentos resistentes aos ácidos são utilizadas para proteger e preservar estes compostos bioactivos durante o trânsito gastrointestinal.

b. Medicamentos à base de alho

Os medicamentos à base de plantas à base de alho estão a ser desenvolvidos pela sua eficácia comprovada no tratamento de doenças como a diabetes, doenças cardiovasculares e cancro. A investigação indica que os compostos que contêm enxofre no alho podem inibir o crescimento das células cancerígenas, induzindo a apoptose e suprimindo as vias de sinalização inflamatórias. Estes medicamentos à base de plantas podem servir como terapias adjuvantes juntamente com os tratamentos convencionais, como a quimioterapia. Além disso, os compostos do alho demonstraram eficácia na redução da pressão arterial e dos níveis de colesterol, tornando-os valiosos no tratamento de doenças cardiovasculares.

c. Tecnologias avançadas no desenvolvimento de produtos de alho

A utilização de novas tecnologias é essencial para melhorar a eficácia terapêutica e a biodisponibilidade dos produtos à base de alho. A nanoformulação, que utiliza nanopartículas para melhorar a biodisponibilidade dos compostos activos do alho, permite a entrega orientada a tecidos específicos, maximizando os efeitos terapêuticos. Além disso, os bioreactores estão a ser utilizados para produzir alicina pura e outros compostos de enxofre à escala industrial através da fermentação, facilitando a produção em massa de medicamentos de alta qualidade à base de alho.

d. Normalização de produtos à base de alho

Um desafio significativo no desenvolvimento de produtos de alho é a normalização do conteúdo bioativo. As variações nas espécies de alho e as diferenças na composição química com base nas condições de cultivo e colheita podem levar a uma qualidade inconsistente do produto. A implementação de processos rigorosos de controlo de qualidade é essencial para garantir doses consistentes de compostos activos. Técnicas como a cromatografia são utilizadas para analisar a alicina e outros componentes bioactivos nos produtos finais, garantindo a eficácia e a segurança.

2. O papel do alho nas formulações para cuidados da pele e do cabelo

A rica composição de compostos bioactivos do alho, incluindo a alicina, o dissulfureto de dialilo (DADS), o trissulfureto de dialilo (DATS) e o ajoeno, desempenha um papel significativo na formulação de produtos para o cuidado da pele e do cabelo. Estes compostos exibem potentes propriedades antioxidantes, anti-inflamatórias e antimicrobianas, tornando o alho um ingrediente promissor para proteger e restaurar a saúde da pele e do cabelo através de vários mecanismos celulares e moleculares.

O alho exerce múltiplos efeitos benéficos na pele através de várias vias biológicas :

❖ **Ativação da Via Nrf2 e Efeitos Antioxidantes**

A alicina, o principal composto ativo do alho, ajuda a ativar a via de sinalização Nrf2 (fator nuclear eritroide 2 relacionado com o fator 2), que aumenta a produção de enzimas antioxidantes como a glutationa peroxidase e a catalase. Estas enzimas protegem as células da pele dos danos oxidativos. Ao neutralizar os radicais livres, o alho pode prevenir o envelhecimento prematuro da pele e os danos celulares.

- **Inibição das vias inflamatórias NF-κB**

Os compostos de enxofre do alho, como o DADS, inibem a via do NF-κB (fator nuclear kappalight-chain-enhancer das células B activadas), que é um regulador chave da inflamação no organismo. Esta ação ajuda a reduzir a inflamação crónica, que pode levar a doenças como o acne, o eczema e a psoríase. Ao reduzir os sinais inflamatórios, as formulações à base de alho podem aliviar a vermelhidão e a irritação da pele.

- **Estimulação da produção de colagénio e elastina**

Outro mecanismo chave do alho é a sua capacidade de aumentar a produção de colagénio e elastina, activando os fibroblastos da pele. Este efeito mantém a estrutura e a firmeza da pele, prevenindo o aparecimento de rugas e flacidez. A alicina, quando utilizada em cremes e séruns, pode ajudar a melhorar a firmeza da pele e acelerar a cicatrização de feridas.

Mecanismos do alho no cuidado do cabelo

Foi demonstrado que o alho tem inúmeros benefícios para a saúde do cabelo, incluindo a redução da queda de cabelo, a promoção do crescimento do cabelo e a melhoria da saúde do couro cabeludo através dos seguintes mecanismos celulares:

- **Estimular o crescimento do cabelo através da regulação positiva do VEGF**

O alho promove a produção do fator de crescimento endotelial vascular (VEGF) nas células do couro cabeludo, melhorando a circulação sanguínea localizada nos folículos capilares. Este aumento do fluxo sanguíneo apoia a saúde dos folículos e estimula o crescimento do cabelo. Além disso, o alho ativa a via Wnt/β-catenina, promovendo a divisão das células estaminais do folículo piloso, resultando em cabelos mais espessos e densos.

- **Propriedades antibacterianas e antifúngicas**

Os compostos de enxofre, como o ajoene e o dissulfureto de dialilo, apresentam efeitos antibacterianos e antifúngicos potentes. Estes compostos ajudam a eliminar microorganismos nocivos no couro cabeludo, reduzindo a caspa e prevenindo infecções fúngicas. Esta ação antimicrobiana também contribui para um ambiente mais saudável no couro cabeludo, o que, por sua vez, reduz a queda de cabelo causada pela inflamação.

Tecnologias avançadas para aumentar a eficácia dos produtos à base de alho

Um dos principais desafios na utilização do alho em formulações para cuidados da pele e do cabelo é a instabilidade da alicina. Para resolver este problema, são utilizadas tecnologias de nanocapsulação para preservar os compostos bioactivos do alho e aumentar a sua biodisponibilidade. Estas tecnologias permitem a libertação controlada e direcionada dos compostos activos do alho nas camadas mais profundas da pele e dos folículos capilares, garantindo efeitos prolongados.

Normalização e controlo de qualidade

Devido à variabilidade natural na composição química do alho, dependente de factores como as condições de crescimento, a formulação de produtos à base de alho requer uma normalização rigorosa. São utilizados métodos como a cromatografia líquida de alta eficiência (HPLC) para determinar as concentrações dos principais compostos activos, como a alicina e o DADS. Além disso, os processos de controlo de qualidade devem incluir testes de estabilidade química e eficácia biológica para garantir a segurança e a eficácia dos produtos finais.

A utilização do alho na indústria alimentar como aditivo saudável

O alho tem sido amplamente utilizado como aditivo bioativo na indústria alimentar devido ao seu rico conteúdo em compostos biologicamente activos, como a alicina, o DADS, o ajoeno e vários antioxidantes. Estes componentes melhoram não só o sabor e o perfil nutricional dos produtos alimentares, mas também servem como conservantes naturais com propriedades antimicrobianas, antioxidantes e anti-inflamatórias. De seguida, exploramos as aplicações avançadas e os mecanismos moleculares que fazem do alho um ingrediente essencial nas fórmulas alimentares modernas.

1. Propriedades antimicrobianas e extensão do prazo de validade

Uma das principais aplicações do alho na indústria alimentar é a sua atividade antimicrobiana, que prolonga o prazo de validade dos produtos alimentares e os protege contra agentes patogénicos de origem alimentar, como a Escherichia coli, a Salmonella e a Staphylococcus aureus. Os compostos bioactivos de enxofre do alho, em particular a alicina e o ajoeno, exercem os seus efeitos antimicrobianos perturbando as membranas celulares bacterianas e inibindo as principais vias enzimáticas necessárias para o crescimento microbiano. Estes mecanismos fazem do alho um conservante natural ideal em produtos à base de carne, lacticínios e condimentos, ajudando a manter a segurança alimentar sem aditivos sintéticos.

2. Melhoria das qualidades sensoriais e nutricionais

O perfil de sabor distinto do alho - caracterizado pela sua pungência e compostos aromáticos únicos - é amplamente apreciado como um intensificador de sabor natural. A alicina, responsável pelo forte odor e sabor do alho, sofre uma conversão enzimática da alliin após a trituração, melhorando significativamente as propriedades organolépticas dos alimentos. Além disso, o alho é rico em minerais e vitaminas essenciais, incluindo selénio, vitamina C e vitaminas B, contribuindo para o enriquecimento nutricional dos produtos alimentares. Isto faz do alho um ingrediente valioso nos alimentos transformados, proporcionando sabor e benefícios para a saúde.

3. Propriedades antioxidantes e proteção lipídica

A deterioração oxidativa dos lípidos nos produtos alimentares, particularmente nos óleos e nos produtos gordos, representa um desafio significativo na conservação dos alimentos. Os compostos fenólicos e organosulfurados do alho apresentam propriedades antioxidantes potentes que protegem contra a peroxidação lipídica, eliminando os radicais livres e inibindo as enzimas pró-oxidantes. Esta capacidade antioxidante é crucial na prevenção do ranço em produtos à base de óleo e prolonga o prazo de validade da carne, do peixe e dos óleos processados. O alho tem sido integrado com sucesso em óleos comestíveis e alimentos embalados para prevenir danos oxidativos.

4. Alimentos funcionais e efeitos promotores de saúde

O alho é reconhecido como um aditivo alimentar funcional, contribuindo para o desenvolvimento de alimentos promotores de saúde que apoiam o bem-estar geral. O consumo de produtos enriquecidos com alho está associado a benefícios para a saúde, como a melhoria da função cardiovascular, a redução da tensão arterial e a diminuição dos níveis de colesterol. Estes efeitos são mediados pela capacidade do alho de modular o metabolismo lipídico, reduzir a agregação plaquetária e aumentar a biodisponibilidade do óxido nítrico, promovendo a vasodilatação e melhorando a saúde circulatória.

Tecnologias avançadas para aumentar a estabilidade do alho em produtos alimentares Apesar dos seus benefícios, a estabilidade dos compostos bioactivos do alho, especialmente a alicina, representa um desafio significativo, uma vez que estes compostos são propensos à degradação durante o processamento e o armazenamento. Para resolver esta questão, a nanotecnologia tem sido utilizada para encapsular os bioactivos do alho, como a alicina e o dissulfureto de dialilo (DADS), em nanoemulsões, lipossomas ou nanopartículas poliméricas. Estas técnicas de encapsulamento aumentam a estabilidade, a biodisponibilidade e a libertação controlada destes compostos nas matrizes alimentares. Consequentemente, esta tecnologia permite uma administração direcionada durante a digestão, melhorando a bioeficácia e assegurando a presença prolongada dos compostos benéficos do alho nos produtos alimentares.

Normalização e controlo de qualidade de produtos alimentares enriquecidos com alho

A variabilidade na composição do alho devido a factores como as condições de crescimento e os métodos de processamento exige uma normalização rigorosa e protocolos de controlo de qualidade na indústria alimentar. Técnicas como a cromatografia líquida de alta eficiência (HPLC) e a cromatografia gasosa-espetrometria de massa (GC-MS) são normalmente utilizadas para quantificar compostos activos como a alicina, o DADS e o ajoeno em produtos enriquecidos com alho. Além disso, a avaliação sensorial e os testes de estabilidade são cruciais para garantir que as propriedades caraterísticas do alho, incluindo o sabor e a atividade antimicrobiana, permaneçam consistentes ao longo do prazo de validade do produto. Isto garante não só a eficácia, mas também a segurança e a aceitabilidade do alho como aditivo alimentar.

O Impacto do Processamento e Armazenamento nas Propriedades Medicinais do Alho: Métodos e alterações fitoquímicas

O alho *(Allium sativum L.)* é bem conhecido pelas suas propriedades medicinais, atribuíveis ao seu rico conteúdo em compostos bioactivos como a alicina, o dissulfureto de dialilo (DADS), o ajoeno e os flavonóides. Estes compostos conferem efeitos antioxidantes, anti-inflamatórios, antimicrobianos e cardioprotectores. No entanto, vários métodos de processamento e armazenamento podem afetar significativamente a concentração e a estabilidade destes compostos. Abaixo, exploramos o impacto de diferentes técnicas de processamento e condições óptimas de armazenamento nas propriedades medicinais do alho.

Métodos de processamento e seus efeitos nos compostos activos

1. **Secagem:** A secagem é um dos métodos de transformação mais comuns utilizados para aumentar o tempo de conservação e a transportabilidade do alho. As diferentes técnicas de secagem têm efeitos variáveis sobre os compostos bioactivos do alho:
   - **Secagem por ar quente:** Realizado a temperaturas de cerca de 60-70°C, este método amplamente utilizado reduz eficazmente a humidade e aumenta o prazo de validade. No entanto, pode degradar a alicina e outros compostos sensíveis ao calor, levando a uma redução do conteúdo fenólico e da atividade antioxidante.
   - **Liofilização:** Este método, que congela o alho e depois o seca sob baixa pressão, é mais eficaz na preservação dos compostos bioactivos. O alho liofilizado retém níveis mais elevados de alicina e outros fitoquímicos, tornando-o adequado para

aplicações medicinais e alimentares funcionais.

- **Pó:** O alho em pó é popular pela sua facilidade de utilização e prazo de validade alargado. Embora o processo de transformação em pó possa reduzir a humidade e concentrar os compostos activos, o processamento a alta temperatura pode degradar a alicina. O alho em pó liofilizado ou os pós processados com métodos que preservam o teor de alicina são preferíveis para manter as propriedades medicinais do alho.
- **Extração:** A extração do alho é normalmente realizada com solventes como a água, o álcool e o hexano para concentrar os seus compostos bioactivos. Os extractos aquosos e alcoólicos são conhecidos pela sua atividade antioxidante e antimicrobiana, enquanto a escolha do solvente e do método de extração influencia significativamente a estabilidade e a concentração dos compostos activos. Os extractos aquosos e alcoólicos mantêm geralmente uma maior atividade biológica em comparação com os solventes não polares.

Métodos de armazenamento óptimos para preservar as propriedades medicinais do alho

1. Armazenamento a baixa temperatura

A conservação do alho a baixas temperaturas, como no frigorífico ou no congelador, ajuda a manter os seus compostos bioactivos. A alicina e outros fitoquímicos são mais estáveis a temperaturas mais baixas, uma vez que as taxas de oxidação e degradação são mais lentas. Pelo contrário, armazenar o alho à temperatura ambiente e expô-lo à luz e à humidade pode levar a uma rápida degradação destes compostos activos, reduzindo significativamente as suas propriedades medicinais (Bae et al., 2014).

2. Embalagens resistentes ao oxigénio e à luz

O acondicionamento correto é fundamental para preservar as propriedades medicinais do alho. A utilização de materiais resistentes ao oxigénio e à luz pode evitar a degradação de compostos sensíveis como a alicina. Além disso, o embalamento em vácuo e em atmosfera modificada (MAP) são métodos eficazes para reduzir a oxidação e a atividade microbiana, prolongando assim o prazo de validade dos produtos de alho.

3. Alterações fitoquímicas durante o processamento e armazenamento

Vários compostos bioactivos do alho sofrem alterações significativas durante o processamento e o armazenamento, incluindo:

Allicina: A alicina é um dos compostos mais instáveis do alho, decompondo-se rapidamente durante o processamento e armazenamento. Pode converter-se noutros compostos que contêm enxofre, como o ajoeno, o dissulfureto de dialilo (DADS) e o trissulfureto de dialilo, alguns dos quais mantêm as propriedades medicinais, mas apresentam diferentes graus de bioatividade e efeitos terapêuticos. **Flavonóides e compostos fenólicos :** Estes compostos, responsáveis pela atividade antioxidante do alho, podem diminuir durante o processamento térmico. No entanto, métodos de processamento suaves, como a liofilização e a extração suave, podem ajudar a preservar estes compostos benéficos.

Compostos de enxofre: Compostos como o DADS e o DATS também são instáveis durante o processamento térmico e o armazenamento. Degradam-se rapidamente quando expostos ao oxigénio e à humidade, pelo que é essencial armazenar o alho em embalagens resistentes ao oxigénio e a baixas temperaturas para manter o seu potencial terapêutico.

Segurança, toxicidade e efeitos secundários do consumo de alho: Uma Revisão Abrangente dos Compostos Activos e Diretrizes de Utilização

O alho (Allium sativum L.) é conhecido pelas suas excepcionais propriedades medicinais e nutricionais, sendo amplamente utilizado na medicina tradicional e moderna. Os compostos activos do alho, incluindo a alicina, o dissulfureto de dialilo (DADS) e o ajoeno, são responsáveis pelos seus benefícios antimicrobianos, antioxidantes, anti-inflamatórios e cardiovasculares. No entanto, é vital compreender a segurança, a toxicidade e os efeitos secundários do alho para evitar potenciais riscos para os consumidores. Esta secção fornece uma análise detalhada das dosagens recomendadas, dos níveis de toxicidade e das diretrizes de segurança para consumidores e produtores.

Segurança e toxicidade dos compostos activos do alho

Allicina: Sendo o principal composto ativo do alho, a alicina é conhecida pelos seus potentes efeitos antimicrobianos e antioxidantes. No entanto, é instável e reactiva, convertendo-se rapidamente noutros compostos como o dissulfureto de dialilo e o ajoeno. Estudos em animais indicam que doses elevadas de alicina (superiores a 400 mg por quilograma de peso corporal) podem causar lesões no fígado e nos rins, juntamente com um aumento do stress oxidativo.

Compostos de enxofre: Compostos como o DADS e o trissulfureto de dialilo (DATS) são reconhecidos pelos seus benefícios anticancerígenos e cardiovasculares. No entanto, doses elevadas destes compostos podem provocar irritação gastrointestinal e estimulação do sistema imunitário. O consumo excessivo e prolongado pode resultar em lesões e inflamação da mucosa gástrica.

Ajoene: Ajoene possui fortes propriedades antimicrobianas e antitrombóticas; no entanto, em doses muito elevadas, pode aumentar o risco de hemorragia interna, particularmente em indivíduos que tomam medicamentos anticoagulantes como a varfarina.

Doses recomendadas e efeitos secundários do consumo excessivo de alho

- ❖ **Dosagens recomendadas**

- ❖ Alho fresco: A ingestão diária de 2 a 5 gramas de alho fresco (aproximadamente 1 a 2 dentes) é geralmente recomendada para obter os seus benefícios medicinais. Esta dose é considerada segura e eficaz.

Suplementos de alho

- √ **Alho em pó:** A dose recomendada para suplementos de alho em pó varia de 300 a 1200 mg por dia. Estes suplementos contêm normalmente 0,6 a 1,3% de alicina, o que garante a retenção das propriedades terapêuticas do alho.
- √ **Extrato de alho:** Para os extractos de alho, são normalmente utilizadas doses diárias entre 600 e 1500 mg. A investigação mostra que doses de 900 mg de extrato de alho por dia são eficazes na redução da pressão arterial.
- √ **Óleo de alho:** A dose recomendada para o óleo de alho é de 2 a 5 mg por dia, dependendo da concentração de compostos activos.

- ❖ **Efeitos secundários do consumo excessivo**
  - √ **Problemas gastrointestinais:** O consumo excessivo de alho pode levar a azia, inchaço e diarreia. Doses elevadas podem irritar o revestimento do estômago, particularmente em indivíduos com condições gastrointestinais pré-existentes.
  - √ **Interações medicamentosas:** Devido às suas propriedades antitrombóticas, o alho pode interagir com medicamentos anticoagulantes, como varfarina, heparina e aspirina, aumentando o risco de sangramento. As pessoas que tomam esses

medicamentos devem consultar seu médico antes de consumir grandes quantidades de alho.

√ **Danos no fígado e nos rins:** O consumo de grandes doses de alho, especialmente na forma de suplemento (acima de 10 gramas por dia ou suplementos que excedam 2400 mg por dia), pode levar a danos no fígado e nos rins. Estas doses elevadas têm sido associadas ao aumento do stress oxidativo e à redução do fígado

função.

Diretrizes de segurança para consumidores e fabricantes

❖ **Para os consumidores**

Consumo moderado: Geralmente, o consumo de 2 a 5 gramas de alho fresco ou o equivalente em forma de suplemento é considerado seguro. Exceder esta quantidade deve ser feito com cautela, e indivíduos com condições de saúde específicas devem consultar um médico antes de aumentar a ingestão de alho.

Interações medicamentosas: As pessoas que tomam anticoagulantes, medicamentos para a tensão arterial ou anti-inflamatórios não esteróides (AINEs) devem evitar o consumo excessivo de alho e procurar aconselhamento médico relativamente a doses seguras.

Gravidez e aleitamento: O consumo de alho em quantidades alimentares é seguro durante a gravidez e o aleitamento. No entanto, doses elevadas de suplementos de alho devem ser tomadas com precaução durante estes períodos.

❖ **Para os fabricantes**

√ **Padronização de compostos ativos:** Os fabricantes devem padronizar os níveis de compostos ativos como alicina, DADS e ajoene em produtos de alho e fornecer rotulagem clara sobre as quantidades desses compostos em cada dose.

- √ **Informação ao consumidor:** Os fabricantes devem fornecer informações detalhadas sobre as doses seguras recomendadas e os potenciais efeitos secundários associados ao consumo excessivo. Os consumidores também devem ser aconselhados a consultar um profissional de saúde se estiverem a tomar determinados medicamentos.
- √ **Controlo de Qualidade e Estabilidade:** Devem ser utilizados métodos de processamento e embalagem adequados para garantir a estabilidade dos compostos bioactivos do alho ao longo do tempo, preservando a eficácia dos produtos.

Desbloquear o potencial: Perspectivas e estratégias de mercado para os produtos de alho iranianos

Os produtos de alho ocupam um lugar significativo nos mercados alimentares e farmacêuticos mundiais devido às suas vastas aplicações. O Irão, enquanto produtor proeminente de alho, tem potencial para expandir a sua presença tanto a nível local como global, tirando partido das suas capacidades nacionais. Este artigo apresenta uma análise aprofundada do mercado global e local do alho, estratégias de marketing e comercialização bem sucedidas, perspectivas económicas e oportunidades de investimento na indústria do alho.

Análise do mercado global e local para produtos de alho

√ Mercado global de alho

O mercado global do alho, particularmente nas indústrias alimentar, de suplementos e cosmética, está a registar um crescimento significativo. A produção mundial de alho em 2021 ultrapassou os 28 milhões de toneladas, sendo a China o produtor dominante, responsável por quase 70% da oferta mundial. Depois da China, a Índia, a Coreia do Sul e o Irão são grandes produtores. A crescente demanda por produtos naturais e orgânicos elevou o interesse em produtos à base de alho como aditivos naturais e medicamentos fitoterápicos.

✓ **Mercado local de alho no Irão**

O Irão é um dos principais produtores de alho do Médio Oriente, com regiões de cultivo primário que incluem as províncias de Hamedan, Gilan e Fars. No entanto, a maior parte da produção de alho do Irão é consumida internamente, com volumes de exportação limitados. Os actuais mercados de exportação do alho iraniano incluem os países árabes, a Turquia e as artes da Ásia Central, mas existe um potencial inexplorado para uma maior expansão para os mercados globais.

Estratégias de marketing e comercialização bem-sucedidas

√ Desenvolvimento de produtos de valor acrescentado e de marcas

Uma das principais estratégias de marketing para a comercialização do alho é o desenvolvimento de produtos de valor acrescentado e de identidades de marca fortes. Isso inclui a produção de itens de alto valor, como suplementos de alho, produtos cosméticos e alimentos processados. Por exemplo, a criação de suplementos de alho utilizando tecnologias avançadas como a nanoencapsulação para preservar a estabilidade da alicina e de outros compostos activos pode melhorar a eficácia do produto e o seu prazo de validade. Os produtos cosméticos à base de alho, devido às propriedades antimicrobianas e antioxidantes do alho, também têm um elevado potencial nos mercados globais.

✓ **Marketing digital e comércio eletrónico**

Na era digital, o marketing digital e o comércio eletrónico desempenham um papel fundamental na comercialização bem sucedida de produtos agrícolas e farmacêuticos. A utilização do marketing de conteúdos, da publicidade nas redes sociais e de plataformas online como a Amazon, a Alibaba e a Digikala permite aos produtores de alho chegar diretamente aos consumidores internacionais. Além disso, o marketing de influência nos sectores da saúde e da nutrição pode aumentar a sensibilização e a confiança dos consumidores nos produtos à base de alho.

√ **Embalagens inovadoras e sustentáveis**

Os produtos de alho devem ser embalados de forma a garantir o prazo de validade e a qualidade do produto. A utilização de embalagens recicláveis e de materiais resistentes ao oxigénio para evitar a oxidação dos compostos activos ajuda a manter a qualidade do alho e dos seus derivados. Isto é particularmente crucial para entrar em mercados como a União Europeia e a América do Norte, onde os consumidores estão cada vez mais preocupados com a sustentabilidade ambiental.

Perspectivas económicas e oportunidades de investimento na indústria do alho

√ **Aumento da procura de produtos orgânicos e naturais**

Um dos principais factores de crescimento do mercado do alho é o aumento da procura global de produtos biológicos e naturais. Os consumidores modernos procuram produtos isentos de químicos e aditivos artificiais. Esta tendência apresenta oportunidades de investimento significativas para os produtores de alho iranianos se concentrarem na produção de produtos biológicos que cumpram as normas internacionais, aumentando assim a sua quota no mercado global.

✓ **Tecnologias avançadas de processamento e embalagem**

O investimento em tecnologias de processamento avançadas, como a liofilização, a fermentação e a nanoformulação, pode melhorar a qualidade e o prazo de validade dos produtos de alho . Além disso, a integração de tecnologias inteligentes na gestão da cadeia de abastecimento e a rastreabilidade dos produtos desde a exploração agrícola até ao consumidor podem aumentar a confiança dos consumidores e atrair compradores internacionais.

√ **Oportunidades de exportação e participação em feiras internacionais** Os produtores de alho iranianos devem ter como objetivo a participação ativa em feiras internacionais, como a Gulfood no Dubai e a Food Expo na Europa, para mostrar os seus produtos a potenciais compradores. Estes eventos proporcionam oportunidades valiosas para criar redes comerciais e encetar negociações de exportação. Além disso, tirar partido das isenções fiscais e do apoio governamental às exportações agrícolas pode reduzir os custos e melhorar a rentabilidade.

Prospetiva e desenvolvimento sustentável na indústria do alho: Tendências, Conservação da Biodiversidade e Crescimento com Valor Acrescentado

O alho, enquanto planta medicinal e culinária valiosa, desempenha um papel crucial no desenvolvimento sustentável da agricultura e da indústria alimentar. A prospeção neste domínio requer atenção às tendências emergentes nas tecnologias de transformação e comercialização, à conservação da biodiversidade e à utilização sustentável dos recursos naturais. Este artigo explora as tendências futuras na investigação e desenvolvimento de produtos à base de alho, a importância da conservação da biodiversidade e as estratégias para o desenvolvimento sustentável na indústria iraniana do alho.

Tendências futuras na investigação e desenvolvimento de produtos de alho

✓ Tecnologias avançadas para uma maior eficiência

Uma das tendências futuras mais significativas no desenvolvimento de produtos à base de alho é a utilização de tecnologias avançadas para melhorar a eficiência e a estabilidade dos compostos bioactivos do alho. Tecnologias como a nanoformulação e o nanoencapsulamento estão a ser exploradas para preservar compostos activos como a alicina e o dissulfureto de dialilo, melhorando simultaneamente a sua biodisponibilidade. Esta abordagem desempenhará um papel fundamental no desenvolvimento de suplementos farmacêuticos e nutricionais à base de alho.

√ Produtos de valor acrescentado e novas aplicações

Espera-se que a investigação futura se centre em novas aplicações do alho nas indústrias cosmética, farmacêutica e alimentar. Os produtos à base de alho como alimentos funcionais - oferecendo não só valor nutricional, mas também benefícios medicinais - podem ser desenvolvidos para ajudar a prevenir doenças cardiovasculares e reforçar o sistema imunitário. Além disso, a integração do alho em novas formulações, como probióticos e bebidas saudáveis, é uma tendência futura fundamental.

Agricultura inteligente e digital

A agricultura inteligente e as tecnologias digitais desempenharão um papel crucial na otimização da produção de alho num futuro próximo. A utilização de sistemas inteligentes, a análise de dados e a Internet das Coisas (IoT) na plantação, cultivo e colheita podem aumentar a produtividade e reduzir a utilização de recursos naturais. Isto será particularmente importante para otimizar a utilização de água e fertilizantes na cultura do alho.

Importância da conservação da biodiversidade e da utilização sustentável dos recursos naturais

√ **Diversidade genética do alho e o seu papel no desenvolvimento sustentável** A diversidade genética é um fator chave para a sustentabilidade da produção agrícola. O alho iraniano, conhecido por sua alta diversidade genética, oferece um potencial significativo para o desenvolvimento de novas variedades resistentes a pragas e mudanças climáticas. A preservação desta diversidade genética através de bancos de genes e da agricultura biológica é crucial para assegurar a resiliência a longo prazo e a resistência às doenças nas culturas de alho.

√ **Gestão sustentável da água e do solo**

Tendo em conta a crise mundial da água, a gestão sustentável da água na produção de alho é fundamental. A irrigação por gotejamento e as técnicas agrícolas de baixo consumo de água podem reduzir significativamente o consumo de água no cultivo do alho. Além disso, melhorar a gestão do solo através da utilização de fertilizantes orgânicos e manter a biodiversidade do solo pode aumentar a sustentabilidade da produção de alho, melhorando simultaneamente a qualidade do produto (Nielsen, 2022).

√ **Reduzir a utilização de produtos químicos e promover a produção biológica**

Um dos principais desafios para a produção sustentável de alho é a redução da utilização de factores de produção químicos, como pesticidas e fertilizantes sintéticos. A expansão das práticas de agricultura biológica não só garantirá a qualidade do produto, como também ajudará a proteger a saúde do solo e a reduzir a poluição ambiental. A promoção de uma agricultura sem pesticidas e a adoção de soluções de embalagem biodegradáveis contribuirão para uma indústria do alho mais sustentável.

Estratégias propostas para o desenvolvimento sustentável e o aumento do valor acrescentado dos produtos de alho iranianos

√ **Desenvolvimento da cadeia de valor e criação de indústrias de transformação**

Uma das principais estratégias para aumentar o valor acrescentado dos produtos de alho iranianos é o desenvolvimento da cadeia de valor e a criação de indústrias de transformação. A criação de instalações de transformação para produzir alho em pó, extrato de alho e produtos farmacêuticos pode aumentar significativamente o valor económico do alho. Além disso, a concentração na exportação de produtos transformados de alho em vez de alho em bruto pode abrir novos mercados e aumentar a rendibilidade.

√ **Normalização e certificações internacionais**

Para ter êxito nos mercados internacionais, é essencial a normalização dos produtos de alho e a obtenção de certificações orgânicas e internacionais. Os produtos de alho iranianos que cumprem as normas globais, como as certificações orgânicas e os regulamentos da UE, terão mais hipóteses de entrar em novos mercados e competir com os produtores globais.

✓ **Educação dos agricultores e adoção de novas tecnologias**

A educação dos agricultores sobre a utilização óptima dos recursos e das novas tecnologias é uma das principais estratégias para o desenvolvimento sustentável. A oferta de programas de formação e workshops sobre novos métodos de plantação, cultivo e colheita de alho pode melhorar a produtividade e reduzir os custos. Além disso, a promoção da agricultura inteligente e da agricultura digital permitirá aos agricultores utilizar os seus recursos de forma mais eficiente e sustentável.

Capítulo 2: Identificação e análise genética de variedades de alho

A biodiversidade é uma parte sensível dos recursos naturais que fornecem alimentos, vestuário, habitação e muitos dos nossos bens provenientes deste recurso, e a sua tendência continua com o fluxo de milhares de milhões de dólares de lucros para os mercados económicos mundiais. A biodiversidade, para além de tornar possível o desenvolvimento agrícola, oferece a possibilidade de adaptação a novas condições para as espécies que não dispõem de tais facilidades. A biodiversidade, para além de satisfazer as necessidades essenciais e básicas dos seres humanos, como a alimentação, o vestuário e o abrigo, garante também a saúde e a vitalidade do corpo e da mente, a prosperidade económica e o nosso progresso crescente e global. De facto, a biodiversidade é uma espécie de seguro da natureza contra acontecimentos maus e infelizes. No entanto, e o que estamos a fazer agora com a biodiversidade, como disse um cientista biológico, "queimar obras-primas da Renascença é como cozinhar comida". A biodiversidade é definida a três níveis: Gene, espécie e ecossistema. Três conceitos relacionados:

1- Diversidade genética: Esta diversidade representa as diferenças e a diversidade de genes dentro de uma espécie, e a diversidade noutros níveis começa a partir da diversidade genética. A diversidade genética tem origem em mutações aleatórias que ocorrem ao nível das moléculas.

2- Diversidade de espécies: Esta diversidade representa a diversidade de diferentes espécies numa região.

3- Diversidade do ecossistema: A estimativa da diversidade dos ecossistemas é relativa às espécies e à diversidade genética, porque as fronteiras entre ecossistemas e comunidades são muito enganadoras. A diversidade dos ecossistemas refere-se à diversidade de habitats, comunidades vitais, ecossistemas e processos ecológicos neles existentes. Em todos os ecossistemas, os seres vivos afectam-se mutuamente e também interagem com o clima e o solo que os rodeiam. De acordo com a definição do Secretariado da Convenção sobre a Diversidade Biológica, biodiversidade significa a capacidade de distinguir entre organismos vivos de qualquer origem, incluindo ecossistemas terrestres, marinhos e aquáticos, bem como compostos ecológicos que fazem parte dos ecossistemas. Finalmente, numa frase, a diversidade biológica é, de facto, a diversidade da vida e da sabedoria incorporada pelo criador incomparável.

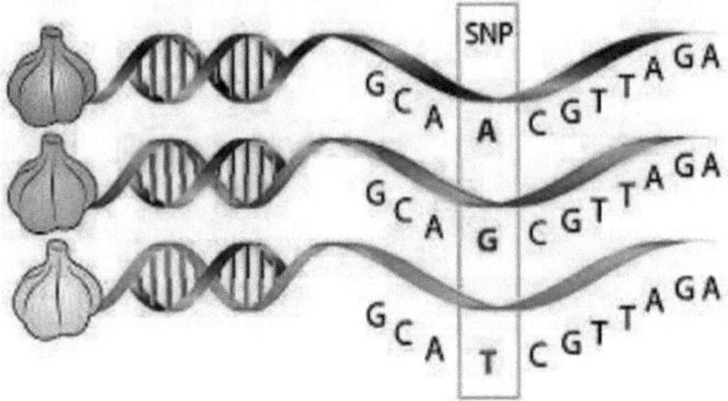

Figura 5. Qual é a verdade científica sobre as variedades de alho?

Valores da biodiversidade e razões para a sua proteção

1- **Valores morais:** O facto de estarem vivos;

2- **Valores estéticos:** A sua beleza e a recompensa que advém dessa beleza;

3- **Valores económicos:** Formas diretas e indirectas como a biodiversidade beneficia os seres humanos;

4- **Valores ecológicos:** A sua contribuição para a saúde do ecossistema.

5- Valores culturais e intelectuais: A sua contribuição para a cultura e o conhecimento humanos;

6- Valores emocionais e afectivos: O sentimento de admiração e respeito que a biodiversidade evoca nos seres humanos;

7- Valores religiosos: São criados por um ser e uma força sobrenaturais;

Valores recreativos, desportivos e turísticos: Criação de saúde física e mental nos seres humanos, etc. A importância da biodiversidade

A biodiversidade rodeia-nos e é considerada uma parte integrante da vida, mesmo nas cidades. Podemos não ser capazes de compreender a biodiversidade tal como ela é, mas esta parte importante da vida ajuda-nos sempre a fornecer água potável, ar respirável, fertilidade do solo para as culturas e mares limpos. De facto, dependemos da biodiversidade em todos os aspectos da vida. A biodiversidade preserva a nossa saúde, fornece-nos alimentos e vestuário, refresca a nossa alma, inspira a nossa arte, cuida dos nossos filhos e do seu futuro, reforça e faz progredir a nossa economia e, finalmente, salva o nosso planeta Terra.

Para sabermos a importância da biodiversidade, temos de nos lembrar sempre que os ovos e a carne provêm dos animais, as camisas de linho das plantas, as cadeiras de madeira das árvores e o trigo do solo, e não devemos ser apenas consumidores descuidados e irreflectidos. Os desafios actuais aproximaram o processo de globalização através das auto-estradas da comunicação e dos sistemas coordenados globais. Mas o estado e a tendência actuais do ambiente mundial são, na verdade, um desafio preocupante no limiar do terceiro milénio.

Um desafio entre o homem e a natureza que surgiu na sequência da exploração indiscriminada e perigosa da era atual. Infelizmente, o desenvolvimento excessivo das actividades económicas humanas, por um lado, e a dependência direta e de subsistência de um grande segmento da crescente população mundial em relação à natureza, por outro lado, reduzem a diversidade natural dos ecossistemas de dia para dia e proporcionam mais limitações à vida e à sobrevivência da vida selvagem. Do mesmo modo, reduz as suas áreas de vida.

Infelizmente, a raiz desta tendência preocupante remonta à visão que o homem tem da natureza e da criação. Enquanto o homem dominar a natureza em vez de a acompanhar, os problemas ambientais agravar-se-ão. Porque a natureza tem as suas reacções naturais no decurso da criação e da manutenção das suas leis, e o homem não pode escapar a essas reacções.

Além disso, o predomínio de visões materialistas e o crescimento do consumismo nas nossas vidas tornaram-se a fonte do alastramento da agitação social, da injustiça e da pobreza em algumas partes do mundo e, com esta tendência, o desenvolvimento sustentável será definitivamente impossível. Por conseguinte, a humanidade atual precisa de uma visão equilibrada, uma visão que não seja desprovida da filosofia de vida e do papel da espiritualidade e que garanta uma nova abordagem do lugar do homem e da natureza no mundo da criação, uma visão que seja acompanhada pelo apreço e apreciação dos dons divinos e pela compreensão da sua verdadeira posição.

Até agora, foram identificadas um milhão de espécies, a maioria das quais inclui pequenas criaturas, como os insectos. Os cientistas estimam que existam atualmente cerca de 13 milhões de espécies.

Embora a evolução destas criaturas tenha demorado vários milhões de anos, hoje em dia, devido ao comportamento incorreto dos seres humanos em relação à natureza que os rodeia e à destruição dos habitats, à propagação de pragas de plantas e animais, à descarga de poluentes no ar, no solo e na água, o processo de extinção de espécies está a aumentar rapidamente e de forma muito alarmante.

Se a destruição dos habitats continuar desta forma, é possível que muitas espécies de plantas e animais se extingam nos próximos 50 anos. Ouvimos muitos relatos sobre o desaparecimento de muitas espécies. Por exemplo, não veremos a espécie única e magnífica do tigre de Mazandaran ou a valiosa espécie do leão da Pérsia, porque foram eliminadas da natureza para sempre pelas nossas próprias mãos. É um facto inegável que a destruição da natureza e a crise ambiental são uma velha ferida da modernidade atual, que não pode ser curada por outro remédio que não seja um regresso respeitoso à natureza e a preservação do seu precioso património para as gerações futuras.

Razões para o declínio da biodiversidade no mundo

- Aumento do crescimento demográfico;
- Falta de conhecimentos sobre as espécies e os ecossistemas;
- Não acreditar que a biodiversidade é necessária;
- A incapacidade dos sistemas económicos para estimar os valores económicos da biodiversidade;
- Separação entre proteção e desenvolvimento económico;
- Colapso dos sistemas tradicionais de gestão dos recursos;
- O efeito dos mercados e dos sistemas empresariais internacionais;
- Distribuição desigual dos recursos, do poder e da informação no mundo;

Corrupção nas instituições governamentais e privadas a nível mundial. A biodiversidade do Irão é uma terra vasta e única com uma natureza muito diversificada

A generalização das diferentes faces da natureza nesta fronteira e ecossistema tem sido o resultado de muitas condições, tais como a situação geológica, edáfica, factores climáticos, o processo de evolução da vida e factores biológicos. Entre todos os países do sudoeste asiático, o Irão é o que apresenta as condições mais diversificadas e atractivas em termos de

vegetação, sendo que 20% das espécies existentes são exclusivamente nativas do Irão. Diferentes comunidades vegetais foram ligadas umas às outras numa sequência, não por acaso, mas de forma muito natural e legal, e decoraram esta terra de tal forma que se formou uma espantosa diversidade de diferentes habitats e foram proporcionadas condições de vida para a adaptação de uma grande variedade de vida selvagem. Esta biodiversidade em vertebrados inclui 165 espécies de mamíferos, 517 espécies de aves, 209 espécies de répteis, 174 espécies de peixes e 22 espécies de anfíbios.
Embora a tendência de extinção de espécies no Irão (gama de espécies) seja ameaçadora e preocupante, deve ser comparada com a tendência global de extinção de espécies, que está na gama, porque o nosso país não pode escapar completamente a esta ameaça e perigo global para estar seguro, e é por isso que está a tentar tomar medidas como membro de organizações internacionais como a Convenção sobre a Diversidade Biológica, Ramsar, Sítios, em consonância com os esforços globais para atingir o objetivo de proteger a biodiversidade mundial.

As principais ameaças à biodiversidade no Irão

Os sinais de perigo que ameaçam a diversidade são mais palpáveis do que se pensa. A biodiversidade do nosso país está exposta a várias ameaças, as mais importantes das quais são:

- Falta de atenção aos valores ambientais e à biodiversidade e falta de gestão adequada dos recursos;
- Aumento da população e expansão das actividades humanas, especialmente em zonas ecologicamente sensíveis;
- Alteração da utilização dos solos e invasão das zonas florestais;
- Consumo excessivo de venenos, adubos químicos e pesticidas; Exploração excessiva dos recursos vegetais e animais;

- ❖ Poluição da água e do solo devido a várias actividades industriais e agrícolas;
- ❖ Insuficiência das leis e regulamentos e falta de aplicação correta das leis existentes;
- ❖ Transferência e introdução de espécies não nativas;
- ❖ Comércio ilegal de animais e sementes de plantas;
- ❖ Caça ilegal;
- ❖ Abundância de armas ilegais;
- ❖ Utilização de espécies geneticamente modificadas (OGM) sem as estudar.

O que é o alho negro?

O alho negro é um produto obtido através da fermentação do alho normal em condições de calor e humidade controladas. Durante este processo, o alho é mantido entre 50 e 90 dias a uma temperatura aproximada de 60 a 77 graus Celsius. Depois disso, o alho transforma-se em geleia, o seu sabor torna-se doce e a sua cor torna-se preta.

É claro que, durante este processo, são efectuadas alterações químicas muito importantes no alho, que podem aumentar dez vezes as suas propriedades curativas. Ao consumir alho preto, ao contrário de outros tipos de alho cru ou alho em conserva, não terá o problema do mau hálito. Ao mesmo tempo, o nutriente alicina, que está naturalmente presente no alho, torna-se mais estável no alho preto. Como resultado, os seus efeitos terapêuticos e benéficos permanecerão no corpo humano durante mais tempo. As propriedades medicinais e terapêuticas mais importantes do alho preto são:

- ➢ Prevenção e tratamento de todos os tipos de cancro;
- ➢ Tratamento da ejaculação precoce;
- ➢ Ajuda a controlar a diabetes e a controlar o açúcar no sangue;

- Bom para o coração;
- Tratamento de todos os tipos de alergias, sensibilidades e inflamações;
- Útil para o fígado e para o tratamento do fígado gordo.

Como utilizar o alho preto

Pode consumir diariamente 1 a 3 dentes de alho negro com o estômago vazio ou incluí-lo no seu pequeno-almoço, por exemplo, espalhando-o no pão. É aconselhável evitar o consumo de alho negro antes de dormir devido às suas propriedades energizantes, que podem causar insónias. Os atletas podem considerar benéfico adicionar alho negro às refeições ou aos batidos antes das sessões de treino.

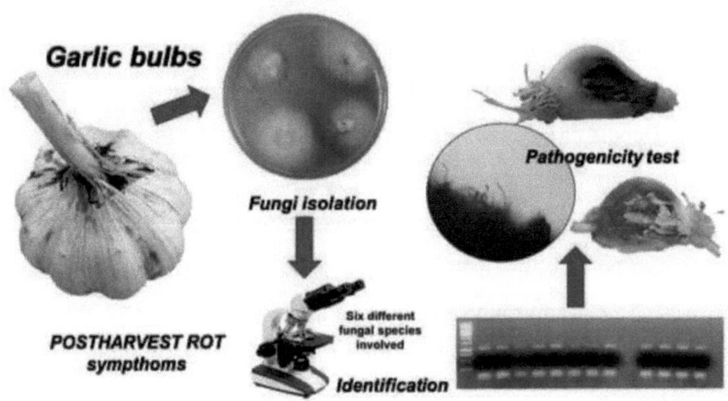

Figura 6. Incidência e etiologia das doenças fúngicas pós-colheita associadas ao apodrecimento dos bolbos do alho

As propriedades mais importantes do alho preto

Se está a perguntar-se "Para que serve o alho negro?", os seguintes benefícios documentados baseiam-se em investigação científica:

Prevenção e tratamento do cancro

O alho preto é rico em antioxidantes, que são conhecidos pelas suas propriedades anticancerígenas e pela sua capacidade de eliminar os radicais livres que podem causar cancro. A investigação indica que os efeitos anti-cancerígenos do alho negro são 4,5 vezes mais potentes do que os do alho fresco. Um estudo sobre o cancro do estômago revelou que o alho negro pode reduzir o tamanho e o peso dos tumores, enquanto outro estudo demonstrou a sua capacidade de abrandar a taxa de crescimento das células cancerígenas do cólon.

Gestão da diabetes e controlo do açúcar no sangue

O alho preto pode melhorar o controlo do açúcar no sangue, melhorando a homeostase. Aumenta os níveis de insulina e reduz a resistência à insulina. Estudos mostram que os antioxidantes desempenham um papel crucial na prevenção da diabetes e das complicações relacionadas, o que faz do alho preto uma excelente fonte de antioxidantes. O processo de fermentação que transforma o alho branco em alho preto melhora significativamente estas propriedades.

Saúde do coração

Tanto o alho fresco como o alho negro contribuem para uma dieta saudável para o coração. Ajudam a reduzir as placas de gordura no sangue e nas artérias, que podem estreitar os vasos sanguíneos, aumentar a tensão arterial e elevar o risco de AVC. O alho preto é mais fácil de consumir e tem um odor mais suave em comparação com o alho fresco, o que o torna uma opção conveniente para a saúde cardiovascular. Uma investigação da Universidade Nacional de Pusan, na Coreia do Sul, confirma que o alho preto possui propriedades anti-inflamatórias devido ao hidroximetilfurfural e reduz eficazmente o colesterol e os triglicéridos, reduzindo o risco de doença cardíaca.

Tratamento de alergias e inflamações

O alho preto pode ajudar a gerir a resposta imunitária do corpo a agentes patogénicos estranhos, o que muitas vezes leva à inflamação. Pode ajudar a prevenir reacções alérgicas e é útil no tratamento de doenças como a artrite e as dores musculares. Além disso, as propriedades anti-inflamatórias do alho negro podem proteger contra doenças neurodegenerativas, como a doença de Alzheimer e a doença de Parkinson. Curiosamente, estudos sugerem que o alho negro pode prevenir danos **nas células cerebrais induzidos pelo excesso de glutamato monossódico.**

Saúde do fígado

O alho preto apresenta propriedades protectoras para o fígado, tornando-o benéfico para indivíduos com sintomas de fígado gordo. Possui propriedades curativas e efeitos preventivos contra doenças hepáticas, ajudando a mitigar os danos no fígado causados pelo consumo de álcool e a reduzir a acumulação de gordura no fígado.

Possíveis efeitos secundários do alho preto

Até à data, não foram registados efeitos nocivos do alho negro. No entanto, tal como acontece com todos os produtos à base de plantas, é aconselhável evitar a utilização excessiva, uma vez que o consumo excessivo a longo prazo pode provocar efeitos adversos.

Propriedades do alho preto para perda de peso

Vários estudos científicos sugerem que o alho preto pode ajudar na perda de peso, reduzindo a gordura da barriga, diminuindo a gordura sanguínea prejudicial (LDL) e aumentando a gordura sanguínea benéfica (HDL). Uma investigação realizada em ratos descobriu que o consumo de alho negro regula o metabolismo da gordura e os níveis de colesterol no sangue, levando a reduções significativas na gordura total, triglicéridos e colesterol. Em última análise, isto pode resultar numa rápida perda de peso sem causar anorexia ou redução da ingestão de alimentos, indicando que a perda de peso do alho preto é uma resposta metabólica saudável e não um resultado da diminuição do consumo.

Descubra os benefícios surpreendentes das folhas de alho

As folhas de alho são os talos verdes finos que crescem a partir do bolbo de alho e que se assemelham ao cebolinho. Estas folhas, muitas vezes com um botão na extremidade que pode florescer se for deixado preso, eram anteriormente descartadas para concentrar a energia no desenvolvimento do bolbo. No entanto, são agora reconhecidas como um valioso ingrediente culinário, especialmente na primavera e no verão, quando estão disponíveis nos mercados dos agricultores.

As folhas do alho enrolam-se para cima antes de emergirem e estão dispostas em 1 - 3 espirais, oferecendo um sabor mais suave. Podem ser consumidas cruas em saladas ou cozinhadas, grelhadas ou fritas. Estas folhas são colhidas antes dos bolbos e têm um sabor semelhante ao da cebola verde. Disponíveis como alimento sazonal no início do verão, antes de se tornarem lenhosas, as folhas de alho são ricas em nutrientes específicos, vitaminas e antioxidantes, sendo ao mesmo tempo pouco calóricas. Fornecem fibras alimentares e são ricas em vitaminas C e A, o que as torna uma adição nutritiva a vários pratos, incluindo sopas e guisados.

Identificar as seis principais causas da queda de cabelo: um guia completo para lidar com a situação e prevenir

Benefícios das folhas de alho

Melhorar a oxigenação do sangue

As folhas de alho podem melhorar a oxigenação do sangue, o que é vital para indivíduos com vários problemas de saúde, incluindo doenças do fígado. Os componentes do alho ajudam a manter a saúde dos tecidos e dos órgãos, promovendo uma melhor oxigenação do sangue.

Prevenção da artrite

As folhas de alho contêm compostos de allium que inibem a atividade das enzimas responsáveis pela degradação do tecido ósseo. Esta propriedade é benéfica para prevenir a artrite e as fracturas relacionadas com a idade.

Antioxidantes poderosos

Os compostos de enxofre presentes nas folhas de alho aumentam os níveis de glutatião, um potente antioxidante do organismo. Esta propriedade desempenha um papel crucial na proteção das células contra os agentes patogénicos e o stress oxidativo.

Propriedades anticancerígenas

O sulfureto de dialilo, um composto de enxofre encontrado nas folhas de alho, demonstrou a capacidade de induzir a morte celular programada em células cancerígenas em estudos laboratoriais. Esta propriedade anti-cancerígena pode ser útil tanto na prevenção como no tratamento de vários cancros.

Desintoxicação do fígado e dos rins

As folhas de alho ajudam a eliminar eficazmente os resíduos e as toxinas do organismo, protegendo simultaneamente o fígado e os rins do stress oxidativo. Estas propriedades de desintoxicação são essenciais para manter a saúde geral.

Aumentar a circulação sanguínea

As folhas de alho podem melhorar a circulação sanguínea e aumentar o fornecimento de oxigénio a diferentes órgãos, o que pode aumentar os níveis de energia e acelerar a recuperação do corpo.

Reforço da saúde óssea

As substâncias activas das folhas de alho, como a alicina e o allium, ajudam a proteger o tecido ósseo e inibem as enzimas que contribuem para a degradação do tecido ósseo.

Reduzir o risco de doenças crónicas

Os antioxidantes presentes nas folhas de alho podem ajudar a reduzir o risco de doenças crónicas, incluindo doenças cardíacas e doenças auto-imunes.

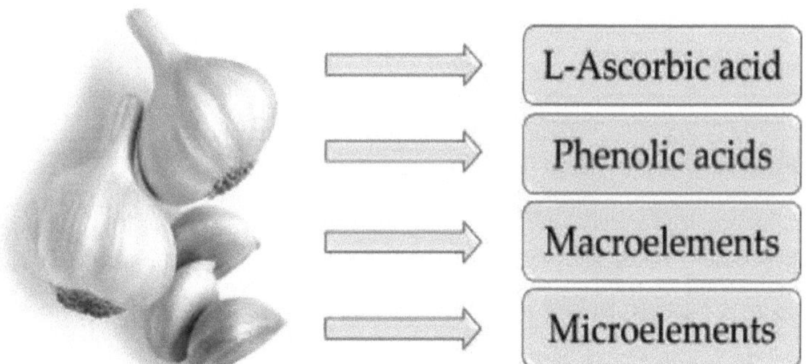

Figura 7. Perfis minerais e fitoquímicos de alho selecionado

5 alimentos essenciais para a saúde da tiroide

Folhas de alho e melhoria da visão

As folhas de alho são ricas em provitamina A, que ajuda a proteger a visão e a prevenir doenças relacionadas com os olhos, como a degenerescência macular e as cataratas.

Como utilizar as folhas de alho para dar sabor aos alimentos

As folhas de alho podem ser utilizadas tanto cruas como cozinhadas para realçar o sabor de vários pratos.

Para as preparar, lave as folhas e corte as pontas e os rebentos. Para aplicações cruas, corte-as em fatias finas e incorpore-as em pesto, molhos ou sopas. Um delicioso pesto pode ser feito combinando folhas de alho picadas com azeite e queijo parmesão. Além disso, misturar folhas de alho com manteiga normal cria uma manteiga de alho saborosa que é perfeita para pão de alho.

Dicas para cozinhar folhas de alho

As folhas de alho oferecem opções de cozinha versáteis. Para um prato simples, salteie as folhas com um pouco de óleo, sal e pimenta e, em seguida, grelhe-as até ficarem macias. As folhas de alho assadas também são um ótimo prato principal ou um complemento saboroso para outras refeições. Se utilizar rebentos, coloque-os na frigideira alguns minutos antes para que amoleçam.

Como preparar o pesto de alho

Para fazer pesto de folhas de alho, junte os seguintes ingredientes: folhas de alho, queijo parmesão, frutos secos (como amêndoas ou nozes), azeite e pimenta. Misture todos os ingredientes num processador de alimentos até ficarem homogéneos. Este pesto saboroso pode ser servido sobre massa cozinhada ou como cobertura para pão.

Guia para escolher e cozinhar folhas de alho

Ao selecionar as folhas de alho, procure as que têm uma pele firme e fresca. Podem ser guardadas no frigorífico até três semanas ou congeladas para utilização futura. As folhas de alho podem ser assadas, cozinhadas a vapor ou utilizadas frescas em saladas e sopas, acrescentando um sabor extra aos seus pratos favoritos.

Guardar as folhas de alho no congelador

Para congelar folhas de alho, espalhe-as num tabuleiro e congele-as individualmente. Uma vez congeladas, transfira-as para um saco com fecho de correr para armazenamento a longo prazo no congelador, onde podem durar até um ano. Este método permite-lhe desfrutar das folhas de alho durante todo o ano. Desenvolvimento e Evolução na Reprodução, Processos Genómicos e Segurança Alimentar A rápida transmissão de dados científicos, informações e ideias conduziu a aplicações rápidas das ciências puras e dos resultados da investigação. A globalização da ciência reduziu os monopólios de patentes, resultando numa concorrência sem precedentes entre países para transformar a ciência em tecnologia e indústria.

O desenvolvimento e a expansão do poder económico estão a criar novos indicadores que sinalizam mudanças tremendas, particularmente no fornecimento de alimentos, incluindo produtos à base de plantas, gado, aves e aquacultura. Esta evolução afecta os métodos de produção, a produtividade, a governação e a segurança alimentar.

Por exemplo, países como a China e algumas nações do Sudeste Asiático, que historicamente dependiam de fontes de alimentação não convencionais, como roedores e insectos, estão agora a expandir a sua produção de carne vermelha e de aves. Entretanto, a procura global de alimentos de qualidade, saudáveis, frescos e orgânicos continua a aumentar, mesmo quando os recursos básicos como a água, o solo, as pastagens e as florestas estão a diminuir.

Face a estes desafios, os métodos de produção tradicionais já não são suficientes. Questões como a limitação de recursos, a redução das pastagens e o desequilíbrio entre o número de cabeças de gado e as terras de pastagem disponíveis exigem que se privilegie a criação superior, os avanços genéticos e a eugenia para garantir a segurança alimentar.

Os pensadores agrícolas e orientados para o conhecimento há muito que reconhecem a importância de criar gado e aves de capoeira de qualidade superior. A rápida entrada do conhecimento genómico no país transformou o panorama da criação. Nos últimos 50 anos, especialmente desde o início da década de 1990, foram dados passos significativos na criação de gado, incluindo a produção de esperma genómico a preços competitivos.

Os esforços para utilizar os melhores recursos genéticos globais de gado levaram ao estabelecimento de estações de reprodução e à introdução de raças de alto rendimento. Atualmente, cerca de 50% do leite do país é produzido através do cruzamento de vacas locais com raças importadas, como a Holstein, a Simmental e a Jersey. A introdução de vacas genómicas e a produção do seu esperma irá acelerar ainda mais os avanços na criação de animais, reduzindo potencialmente os preços dos produtos, apesar da inflação em curso.

A genómica revolucionou os métodos tradicionais de reprodução. Em vez de se basear apenas em testes de desempenho após a reprodução, a ciência genómica permite a extração de ADN mesmo na fase embrionária. Ao utilizar marcadores genéticos e SNPs, as previsões sobre o desempenho genético de um animal podem ser feitas com um elevado grau de precisão no início do seu desenvolvimento. Esta abordagem reduz os custos e aumenta a probabilidade de resultados de reprodução bem sucedidos.

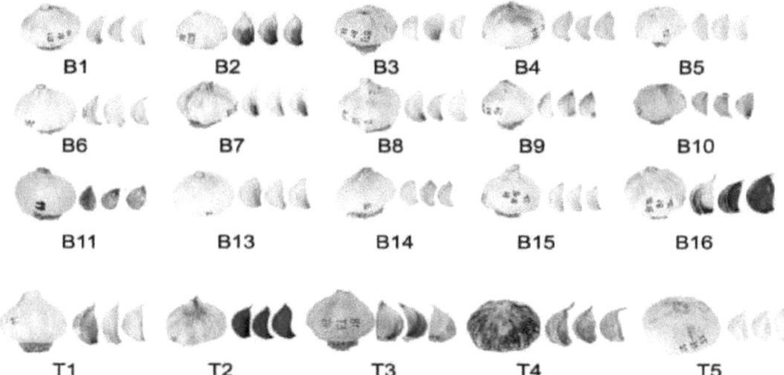

Figura 8. Diversidade fenotípica e carácter distintivo da variedade autóctone de alho Belltall

As vantagens do gado genómico na agricultura industrial

Os criadores de gado industrial reconhecem que a utilização da genómica animal acelera significativamente a identificação de animais de elevado rendimento e resistentes a doenças que oferecem benefícios económicos substanciais. Esta abordagem genómica reduz o processo de criação tradicional de cinco anos para apenas dois anos, o que constitui uma grande vantagem no cenário agrícola competitivo.

O impacto económico deste avanço é profundo, especialmente na produção de leite e carne vermelha, que está diretamente relacionada com a segurança alimentar global e a concorrência de preços. Nestas condições, os alimentos para animais e os recursos são utilizados de forma mais eficiente, levando a uma redução do consumo.

Para capitalizar estes benefícios, é essencial que o nosso país acompanhe o campo da eugenia na criação avançada de gado genómico. O estabelecimento de uma comunicação e colaboração construtivas com estes países ajudará a alinhar as nossas práticas agrícolas com os objectivos estratégicos, aumentando, em última análise, os nossos esforços para garantir uma segurança alimentar sustentável e reforçar a economia agrícola como uma componente vital da macroeconomia em geral.

Capítulo 3: Perfil fitoquímico da espécie de alho iraniano

A fitoquímica ou química das plantas é uma combinação de conhecimentos básicos de química e botânica que examina os compostos encontrados nas plantas e a forma de os extrair. Os fitoquímicos são compostos bioactivos que se encontram nas plantas. Estes compostos podem incluir vitaminas, gorduras, esteróis, hidratos de carbono e fibras, alcalóides, compostos fenólicos e taninos, compostos glicosídicos, para além de minerais.

Muitos fitoquímicos têm propriedades protectoras contra agentes de doenças e as plantas produzem-nos para se protegerem. Estas substâncias não são vitais para os seres humanos, mas a investigação demonstrou que estas substâncias também são úteis para proteger os seres humanos contra doenças. Até à data, foram conhecidos mais de mil tipos de fitoquímicos. As substâncias mais conhecidas são o licopeno do tomate, as iso flavonas da soja, os compostos fenólicos do chá verde, os compostos aromáticos e terpenóides dos óleos voláteis (óleos essenciais), etc. De facto, a fitoquímica é um ramo da química que estuda os compostos químicos das plantas, como os metabolitos secundários das plantas. Por outras palavras, pode dizer-se que esta ciência tem estado intimamente relacionada com a química das plantas medicinais ao longo dos anos. Os métodos comuns neste ramo da ciência incluem extração e separação, concentração, purificação, análise quantitativa e qualitativa, identificação da estrutura utilizando métodos cromatográficos, espetroscopia, espetrofotometria e eletroforese, que ajudam a conhecer as fórmulas estruturais exactas e as vias biossintéticas.

O Departamento de Fitoquímica do Centro de Investigação de Plantas Medicinais de Barij dispõe de um laboratório equipado com aparelhos de extração, concentração e secagem, tais como percolador, soxhle, clunger, ultra-sons, centrífuga, evaporador rotativo e secador por pulverização, que podem realizar vários processos, incluindo extração, concentração e secagem. O extrato permite a extração de óleos essenciais e óleos fixos (gorduras) das plantas. Entre as propriedades mais importantes que os investigadores enumeraram para o alho, podem ser mencionadas as seguintes

- O alho contém compostos com fortes propriedades medicinais;
- O alho é muito nutritivo, mas tem muito poucas calorias;
- O alho pode ajudar a proteger contra doenças, incluindo constipações;
- Os compostos activos do alho podem baixar a tensão arterial;
- O alho melhora os níveis de colesterol, o que pode reduzir o risco de doenças cardíacas;
- O alho contém antioxidantes que podem ajudar a prevenir a doença de Alzheimer e a demência;
- O alho pode ajudá-lo a viver mais tempo;
- Os suplementos de alho podem melhorar o seu desempenho atlético;
- O consumo de alho pode ajudar a desintoxicar o corpo de metais pesados;
- O alho pode melhorar a saúde dos ossos;
- O alho cru é uma boa fonte de manganês, vitamina B6 e também contém cálcio, cobre, potássio, fósforo, ferro e vitamina B1.

O alho é consumido em diferentes tipos (cru, cozinhado e em conserva). E o alho, em todas as suas formas, é rico em nutrientes para o seu tamanho, incluindo vitaminas B e antioxidantes que combatem o cancro, o que pode proporcionar uma vasta gama de benefícios para a saúde. Mas pode interagir com alguns medicamentos.

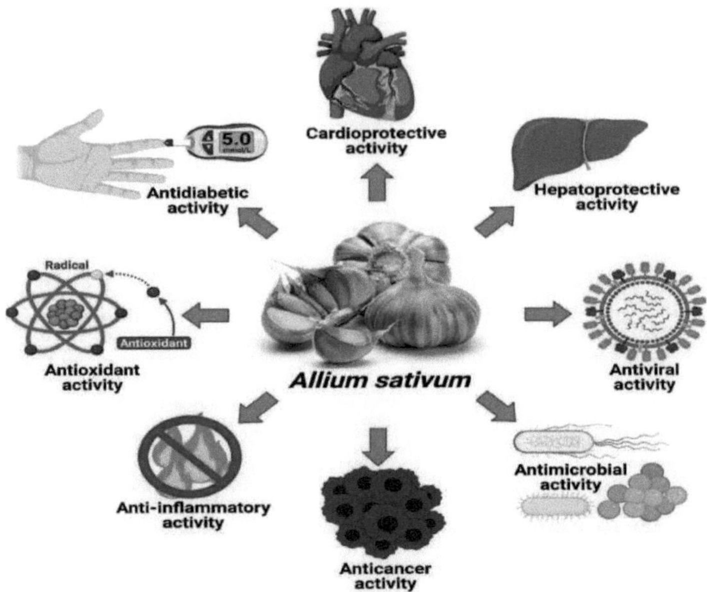

Figura 9. Utilizações tradicionais, fitoquímica, farmacologia e toxicologia do alho *(Allium sativum),* um armazém de diversos fitoquímicos

Reforço do sistema imunitário

Alguns estudos demonstraram que o alho pode aumentar a resposta imunitária do organismo. No entanto, são necessárias mais provas. Um estudo humano de 12 semanas descobriu que tomar um suplemento diário de alho reduziu as constipações em 63% em comparação com um placebo. Outro estudo concluiu que o extrato de alho envelhecido em doses elevadas (2,56 gramas por dia) reduziu os dias de baixa por constipação ou gripe em 61%. Um terceiro estudo considerou as provas insuficientes e afirmou que eram necessários mais dados.

Baixar a tensão arterial

Existem vários estudos em humanos que demonstram que o alho pode ter um efeito significativo na tensão arterial em pessoas com tensão alta ou tensão arterial elevada. De facto, um estudo descobriu que 600 a 1.500 mg de extrato de alho envelhecido foi tão eficaz como o medicamento para a tensão arterial atenolol na redução da tensão arterial durante 24 semanas. Para ver estes benefícios, seria necessário consumir uma grande quantidade de alho diariamente, cerca de quatro dentes.

Melhora os níveis de colesterol

Comer alho pode reduzir os níveis de colesterol LDL ou "mau" e o colesterol total. A investigação demonstrou que a toma de suplementos de alho pode reduzir o LDL e o colesterol total em 10 a 15 por cento em pessoas com níveis elevados de colesterol. Tem sido dada muita atenção ao potencial efeito positivo do alho na saúde cardiovascular. Além disso, o alho cru pode prevenir o cancro.

O Instituto Americano de Investigação do Cancro sugere que o consumo de grandes quantidades de alho pode reduzir o risco de cancro do pâncreas, do esófago, da próstata e da mama. Além disso, o National Cancer Institute afirma que uma análise de dados demonstrou que quanto maior for a quantidade de alho cru e cozinhado consumido, menor é o risco de desenvolver cancro do estômago e do cólon.

Desintoxicação de metais pesados

Os compostos de enxofre no alho demonstraram ajudar a proteger contra danos nos órgãos causados pela toxicidade de metais pesados quando o alho é consumido em doses elevadas. Um estudo que acompanhou os trabalhadores de uma fábrica de baterias de automóveis - que estavam expostos a níveis elevados de chumbo durante o trabalho - durante quatro semanas, concluiu que o consumo de alho reduziu os seus níveis de chumbo no sangue em 19%. Também reduziu os sintomas de toxicidade, como dores de cabeça e tensão arterial elevada. Os trabalhadores tomaram três doses de alho por dia, o que acabou por ser melhor do que a D-penicilamina na redução dos sintomas.

Uma colher de sopa de alho cru contém

- Calorias: 20;
- Proteína: 5 gramas;
- Hidratos de carbono 2 gramas;
- Sódio: 0 gramas;
- Açúcar: 0 gramas.

Possíveis perigos do alho fermentado

Embora seja raro, algumas pessoas podem ter reacções adversas ao alho ou ao alho fermentado. Também pode reagir negativamente com alguns medicamentos. Não se esqueça de consultar o seu médico antes de adicionar alho à sua dieta ou de tomar um suplemento de alho, especialmente em doses elevadas.

Riscos medicinais: Uma vez que pode diluir o sangue, a ingestão de grandes quantidades de alho pode aumentar o risco de hemorragias. Pode também reagir com outros anticoagulantes. O alho pode também interagir com o medicamento anti-VIH.

Risco de alergia: Em algumas pessoas, o sistema imunitário reconhece erradamente o alho como uma ameaça e provoca uma reação alérgica. Os sintomas de alergia ao alho incluem:

- Inflamação da pele;
- Urticária;

- Congestão nasal ou corrimento nasal; comichão no nariz;
- Espirrar;
- Comichão ou olhos lacrimejantes;
- Falta de ar ou pieira;
- Náuseas e vómitos;
- Cólicas estomacais;
- Diarreia.

Os sintomas podem variar em termos de gravidade e aparecem desde imediatamente após o consumo até várias horas após a exposição. Se suspeitar que é alérgico ao alho, informe o seu médico. Este poderá encaminhá-lo para um alergologista para efetuar testes. As pessoas que tomam anti-coagulantes devem utilizar o alho com precaução. Além disso, as pessoas que vão ser submetidas a uma cirurgia devem evitar comer alho 7-10 dias antes da cirurgia. Porque torna o tempo de hemorragia mais longo.

Alho em conserva (fermentado)

O alho fermentado, também conhecido como alho negro, é feito a partir de alho fresco que foi fermentado. O processo de fermentação dá à serra uma cor castanha escura e suaviza o sabor intenso do alho cru. O alho fermentado é doce, com uma textura em borracha e gelatinosa. O processo de fermentação não só altera o sabor do alho, mas também os seus minerais e nutrientes. O alho fermentado tem uma maior atividade biológica. Os componentes bioactivos dos alimentos ajudam o corpo a funcionar e promovem uma melhor saúde. Estudos mostram que o alho preto tem várias funções no corpo, tais como:

- Anti-oxidação;
- Anti-alérgico;
- Anti-inflamatório;
- Anticancerígeno.

Os efeitos e benefícios do alho

O teor de alho negro é influenciado pelas condições do processo de fermentação. Estudos indicam que a fermentação aumenta o teor de nutrientes do alho e facilita a sua absorção pelo organismo. Nomeadamente, o teor mais elevado de proteínas é atingido após 60 dias de fermentação, enquanto os níveis máximos de gordura e hidratos de carbono são observados após 90 dias. A investigação demonstrou que os antioxidantes, como os polifenóis e os flavonóides, aumentam durante o processo de envelhecimento. Os antioxidantes são essenciais, pois ajudam a prevenir os danos celulares que podem conduzir a doenças.

Diferenças nutricionais no alho fermentado

O alho fermentado contém frequentemente níveis mais elevados de sódio devido à inclusão de sal no processo de fermentação. Uma comparação dos perfis nutricionais revela que o alho fermentado tem maiores quantidades de riboflavina, alfa-tocoferol e aminoácidos, mas contém níveis mais baixos de riboflavina, tiamina e vitamina C em comparação com o alho cru.

Cozinhar alho

Infelizmente, a cozedura do alho pode diminuir significativamente o seu conteúdo vitamínico. As vitaminas B e C são solúveis em água e podem perder-se durante a preparação dos alimentos, especialmente através da cozedura. O National Institutes of Health sugere que cozer a vapor e minimizar o tempo de cozedura pode ajudar a preservar a vitamina C no alho. Embora a vitamina K seja lipossolúvel e permaneça estável durante a cozedura, os minerais também se podem perder; ferver o alho pode reduzir os níveis de manganês, cálcio e outros minerais, de acordo com as conclusões do Austin Community College. Para reter o máximo de vitaminas, o alho deve ser adicionado no final do processo de cozedura para limitar a sua exposição ao calor. Os benefícios do alho para a saúde devem-se em grande parte à alicina, um composto de enxofre responsável pelo forte aroma do alho. De acordo com o Instituto Linus Pauling, quando o alho é esmagado, cortado ou mastigado, a atividade enzimática liberta alicina. Este composto possui propriedades antioxidantes que têm sido amplamente estudadas pelos seus potenciais benefícios na gestão de doenças inflamatórias crónicas e na saúde cardiovascular.

Atividade biológica do alho fresco versus alho cozinhado

A investigação que avalia as actividades biológicas do alho cru e do alho aquecido revela que ambas as formas têm propriedades anti-inflamatórias. No entanto, estudos publicados em 2013 descobriram que o alho aquecido é menos eficaz devido a uma menor concentração de alicina. O Instituto Linus Pauling observa que a exposição ao calor pode destruir as enzimas responsáveis pela produção de alicina. Para proteger parcialmente estes benefícios para a saúde, o alho esmagado deve ser deixado repousar durante 10 minutos antes de ser cozinhado, facilitando a formação de alicina, que permanece relativamente estável contra o calor após a sua produção.

Efeitos medicinais do alho

Uma vasta investigação documentou os efeitos medicinais do alho, incluindo as suas propriedades antibacterianas, anti-hipertensivas, anti-inflamatórias, antiplaquetárias e anticancerígenas. Os efeitos anticancerígenos dos compostos do alho são atribuídos às suas acções inibitórias e citotóxicas demonstradas in vitro. Historicamente, o alho tem sido reconhecido pela sua capacidade de tratar infecções e pelo seu potencial para baixar o colesterol, prevenir doenças cardiovasculares e reduzir a tensão arterial.

Parâmetros bioquímicos das plantas de alho

O alho, cientificamente conhecido como Allium sativum, pertence à família Liliaceae. Um metabolito secundário fundamental no alho é a aleína, que se converte em alicina sob a influência de enzimas alilase. A alicina apresenta inúmeras propriedades biológicas e medicinais, tais como antimicrobiana, anticancerígena, anti-hipertensiva, anti-artrítica, modulação do sistema imunitário, desintoxicação de metais pesados e redução dos níveis de açúcar e gordura no sangue.

Os elicitores são compostos que estimulam a biossíntese e a acumulação de metabolitos secundários através da indução de respostas de defesa. Com os avanços modernos, surgiram vários métodos de produção de metabolitos secundários, como os elicitores biológicos (fúngicos, bacterianos e leveduras) e os elicitores abióticos (polissacáridos, glicoproteínas, enzimas inactivadas e sais de metais pesados).

A eficácia dos elicitores na produção de metabolitos secundários em culturas de tecidos depende da sua concentração e da duração do tratamento. Por exemplo, as nanopartículas de prata (AgNPs), tipicamente dimensionadas entre 10-100 nm, podem melhorar a aderência às superfícies celulares, aumentando a sua eficácia em comparação com outros compostos. O efeito das nanopartículas varia de acordo com a composição química, o tamanho, a cobertura da superfície, a reatividade e a concentração, sendo que concentrações elevadas podem levar à letalidade.

Aplicação de nanopartículas no crescimento de plantas

A toxicidade da prata em ambientes aquáticos é influenciada pela concentração de iões de prata livres, sendo que os compostos solúveis, como o nitrato de prata, apresentam maior toxicidade do que as formas insolúveis. Estudos efectuados por Seif Sahandi et al. observaram que a pulverização foliar com concentrações variáveis de nitrato de prata e nanopartículas melhorou o crescimento das plantas e as caraterísticas fitoquímicas da borragem na fase de floração.

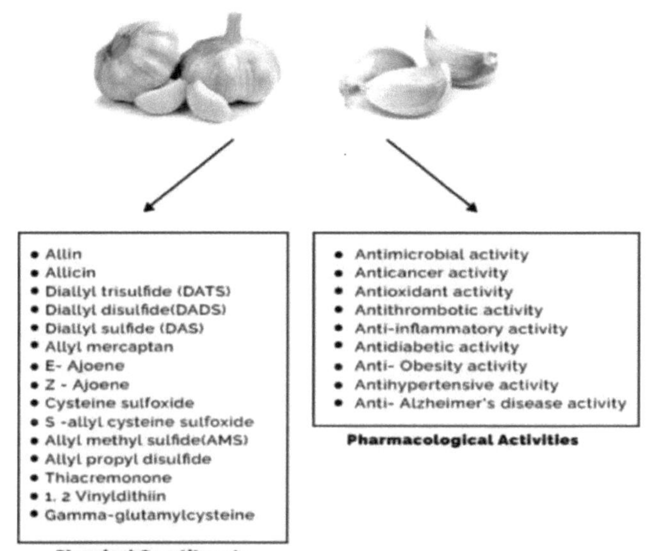

Figura 10. Constituintes químicos e actividades farmacológicas do alho

A investigação mostra que as nanopartículas de prata podem afetar o crescimento de várias espécies de plantas, com alguns estudos a indicarem uma diminuição do crescimento das raízes e da biomassa em resposta a concentrações crescentes destas nanopartículas. Por exemplo, num estudo sobre agriões, concentrações mais elevadas resultaram numa diminuição do peso fresco e do comprimento das raízes, o que sugere uma maior toxicidade das nanopartículas.

As nanopartículas de silicato de prata também apresentam propriedades antifúngicas e antibacterianas, o que as torna potenciais agentes de controlo de doenças das plantas sem efeitos secundários tóxicos. Durante muitas investigações, os cientistas mediram os compostos medicinais presentes no alho e na chalota, especialmente o composto medicinal alicina, e para este efeito foram propostos vários métodos. No método HPLC, a quantidade de alicina comunicada, dependendo do ambiente de crescimento da planta, das condições de extração, do método de medição, do comprimento de onda de medição, da fase móvel e da intensidade do fluxo do solvente, foram comunicados diferentes resultados . Na extração de chalota utilizando etanol e éter etílico e HPLC com a fase móvel de fosfato de di-hidrogénio, ácido heptano sulfónico e acetonitrilo, a quantidade de alicina foi comunicada como 5,78 mg/litro. Enquanto a quantidade de alicina no extrato clorofórmico da chalota foi determinada pelo método HPLC com fase móvel de metanol, água e ácido fórmico, 3,4±0,1 mg por grama de peso seco.

A quantidade de alicina no extrato aquoso da planta do alho foi registada como 0,48±0,01mg/ml pelo método HPLC com fase móvel de água e metanol. O estudo de 24 variedades de alho colhidas em diferentes partes do Irão, extraídas com ácido fórmico, metanol e água, indicou que a quantidade de alicina pelo método HPLC com fase móvel de metanol e água em todos os ecotipos investigados é superior às normas internacionais (5,4 mg/g de peso fresco).

No estudo do alho cultivado na Argentina, China, Itália e Espanha, respetivamente, foi comunicada a quantidade de alicina de 3,6, 4,4, 3,7, 4,5 mg por grama de peso fresco da planta. Foi registado um aumento da quantidade de alicina em amostras de alho cultivadas no campo sob a influência de fertilizante de sulfato de cálcio (200 kg/ha). Alguns estudos também comprovaram o efeito das condições ambientais no teor de alicina. Por exemplo, verificou-se que a quantidade de alicina no alho armazenado é superior à do alho acabado de colher, e sabe-se também que a baixa temperatura do ambiente (4-6 °C) e a humidade elevada provocam um aumento significativo da quantidade de alicina. De acordo com os relatórios, a razão para este aumento é a atividade máxima da enzima gama-glutamil transpeptidase (a enzima da fase final da formação de aleno) a uma temperatura de 4 graus Celsius.

Ao analisar as fontes, não foi encontrado qualquer relatório sobre o efeito das nanopartículas na quantidade de alicina no alho. A quantidade de alicina nas amostras expostas a nanoprata foi mais elevada em ambas as partes em comparação com o controlo, devendo ser mencionado que nas partes da raiz e do rebento, respetivamente, a quantidade de alicina diminuiu e aumentou com o aumento da concentração. Nas amostras tratadas com 25mg/L de nitrato de prata, a quantidade de alicina em ambas as partes foi insignificante em comparação com o controlo, mas na concentração de 50mg/L, observou-se uma diminuição acentuada em comparação com o controlo.

A quantidade de proteína total do rebento nas amostras expostas a nanopartículas de prata 25 e 50mg/litro mostrou um aumento significativo em comparação com o controlo. Por outro lado, a quantidade de proteína total de ambas as partes nas plantas expostas ao nitrato de prata apresentou uma diminuição significativa em comparação com o controlo, o que mostrou que os resultados estão relacionados com os resultados dos ensaios enzimáticos.

A exposição das plantas a metais pesados induz muitas respostas fisiológicas e bioquímicas. Alguns estudos mostraram que metais pesados como o cádmio, o chumbo, o níquel e a prata provocam uma alteração no teor total de proteínas das plantas. Noutros estudos, foi determinado que as nanopartículas de prata aplicadas à planta Bacopa monnieri diminuem o teor de proteínas e, por outro lado, aumentam o teor total de hidratos de carbono desta planta. Foi referido que estes resultados indicam a interação destas nanopartículas com proteínas relacionadas com os fotossistemas, os mecanismos de síntese de amido ou o transporte de hidratos de carbono nas plantas.

No caso das espécies reactivas de oxigénio, ROS, as reacções não-extensivas do dNA, do certificado e dos remédios podem causar as reacções do eraduenon e dos alcances. Os metais pesados, como o cobalto, o cobre, o alumínio, o níquel e a prata, podem ser mencionados entre os factores mais importantes que induzem o stress oxidativo nas plantas. As plantas reduzem a toxicidade destes radicais através de duas vias do sistema antioxidante enzimático e não enzimático.

Em condições controladas, estes metais podem ser utilizados como catalisadores para a produção de metabolitos secundários com grande valor medicinal. A manutenção do nível adequado de espécies reactivas de oxigénio é importante para o crescimento e a sinalização. Por exemplo, as espécies reactivas de oxigénio estão envolvidas na polaridade do crescimento celular, na via de sinalização do ácido abscísico e na resposta a agentes patogénicos.

No estudo de Yousefi et al., a atividade da enzima catalase no tratamento com uma concentração de 25 micromolares de elicitor de prata mostra um aumento significativo em comparação com a amostra de controlo. No entanto, com o aumento da concentração de elicitor no ambiente (no tratamento com concentrações de 50 e 100 micromolares), verificou-se que a atividade enzimática diminuiu significativamente em comparação com a amostra de controlo. O nível mais baixo de atividade enzimática foi registado a uma concentração de 50 micromolares. Mas a redução da atividade enzimática em concentrações de 50 micromolares e o seu aumento parcial em concentrações de 100 micromolares não tiveram diferenças significativas em relação ao controlo. Em contrapartida, o elicitor de cobre provocou um aumento regular da atividade desta enzima nas três concentrações utilizadas. À medida que a concentração de elicitor no ambiente aumentou, a atividade da catalase mostrou um aumento significativo em todos os tratamentos em comparação com o grupo de controlo. A concentração de 50 e 100 micros molar de elicitor de prata causou um aumento significativo na atividade da enzima peroxidase em comparação com a amostra de controlo e o tratamento com concentrações de 25 micro molar.

O maior aumento na atividade desta enzima foi observado na concentração de 100 micro molar, que teve uma diferença significativa em comparação com outras concentrações. Afirmaram que o aumento da atividade da peroxidase e da catalase, que têm um papel complementar na eliminação e purificação do H_2O_2, nas plântulas tratadas com elicitor de prata em comparação com a planta de controlo, indica a ação de stress deste elemento na planta.

Por outro lado, o aumento do teor de proteínas solúveis nas plantas tratadas em comparação com o grupo de controlo pode ser devido ao aumento da quantidade de enzimas modificadoras do stress, tais como enzimas antioxidantes e enzimas envolvidas na biossíntese de compostos antioxidantes.

Foi relatado que as nanopartículas de prata em sementes de Brassica juncea reduziram a produção de peróxido de hidrogénio e aumentaram a eficiência das reacções redox. Além disso, concentrações elevadas de nanoprata aumentaram a atividade das enzimas metabolizadoras do peróxido de hidrogénio.

As folhas de Bacopa monnieri (Linn.) Wettst. Sob a influência de nanopartículas de prata, apresentaram uma elevada atividade de catalase e peroxidase, o nível mais baixo de produção de espécies reactivas de oxigénio e, por conseguinte, o nível mais baixo de toxicidade. A catalase e a peroxidase desempenham um papel importante e principal na proteção das plantas expostas a nanopartículas de prata contra danos oxidativos. Está provado que a diminuição da atividade combinada da ascorbato peroxidase, da superóxido dismutase e da catalase aumenta a produção de espécies reactivas de oxigénio intracelulares que estão direta ou indiretamente envolvidas na peroxidação lipídica, no envelhecimento e na morte das células vegetais. Neste estudo, observou-se um aumento significativo da atividade da GPX em comparação com o controlo nas raízes das amostras tratadas com nano prata 50mg/litro, o que se deve provavelmente à produção de ROS e à sua eliminação e à redução da toxicidade destes compostos.

Mas a diminuição muito significativa da atividade enzimática nas amostras tratadas com nitrato de prata deve-se provavelmente ao efeito inibidor destes compostos na produção de proteínas e, consequentemente, de enzimas. Vale a pena mencionar que também se observou uma diminuição significativa do crescimento no tratamento com nitrato de prata em comparação com o controlo.

Além disso, a adição de nitrato de prata e nanopartículas de prata ao meio de cultura da planta Shabizak alterou a atividade das enzimas antioxidantes em condições de cultura in vitro. A atividade da enzima catalase aumentou nos tratamentos com nanopartículas de prata e diminuiu nos outros casos.

Estes resultados indicam que a utilização de nanopartículas de prata na planta Shabizak regula a expressão de algumas proteínas específicas. Num estudo realizado com a planta Arabidopsis thaliana, muitos genes reagiram às nanopartículas de prata. O ião de prata aumentou a expressão de genes envolvidos no stress oxidativo, como a superóxido dismutase e a peroxidase, e, por outro lado, diminuiu a expressão de genes envolvidos na resposta a agentes patogénicos e hormonas.

Uma alteração no nível de atividade das enzimas antioxidantes pode atuar como um sinal para regular os mecanismos de eliminação das espécies reactivas de oxigénio (ROS). A permeabilidade da membrana das nanopartículas de prata é muito maior do que a do nitrato de prata. A razão para este facto está relacionada com o tamanho muito pequeno das nanopartículas de prata, que causa uma maior ligação aos tecidos das plantas.

Os estudos mostram também que a mobilidade dos iões de prata nas nanopartículas de prata é muito superior à do nitrato de prata e do tiossulfato de prata.

Nanopartículas de prata tratadas com extrato aquoso de Acalypha indica Linn. Na planta Bacopa monnieri (Linn) Wettst, provocou um aumento da atividade da peroxidase e da catalase e não foram observados efeitos tóxicos em estudos morfológicos. Além disso, a transferência de prata na raiz e no caule de B. monnieri (Linn.) Wettst foi confirmada por espetrofotómetro de absorção atómica. O tratamento da nanopartícula de prata com extrato de Acalypha indica Linn reduziu significativamente o efeito tóxico da nanopartícula na germinação e no crescimento da planta B. monnieri.

Nas plantas, o papel das enzimas catalase, ascorbato peroxidase e guaiacol peroxidase é muito importante como regulador do nível de peróxido de hidrogénio intracelular. Assim, o aumento da atividade destas enzimas em diferentes tratamentos mostra a eficácia da inibição da atividade das ROS pelo sistema antioxidante. Em vários estudos, foi afirmado que a enzima guaiacol peroxidase é menos sensível ao stress do que a catalase, na maioria dos casos, o baixo nível de peroxidase indica o início da resposta inespecífica da planta ao stress.

Os resultados de alguns estudos também mostraram que a atividade da peroxidase diminuiu com o aumento da concentração de nanopartículas aplicadas, tendo sido observada uma diminuição significativa da atividade da peroxidase de guaiacol nos tratamentos com nanopartículas de prata e nitrato de prata na parte aérea dos explantes em comparação com o controlo. Estes resultados estão provavelmente relacionados com a inativação das moléculas de peroxidase pelas nanopartículas devido à absorção ou a outras interações químicas ou à redução da produção de enzimas.

No estudo de Shabani et al., a atividade da enzima catalase mostrou um aumento significativo sob tratamento com nitrato de prata em todas as concentrações em comparação com o controlo. A atividade da enzima ascorbato peroxidase diminuiu significativamente no tratamento de 0,01 e 0,1 mili molar em comparação com o controlo. A atividade da enzima guaiacol peroxidase mostrou uma diminuição significativa em comparação com o controlo apenas no tratamento de 0,1 ml. A atividade da enzima glutationa redutase mostrou um aumento significativo no tratamento de 0,01milli molar e uma diminuição significativa no tratamento de 0,1milli molar.

Afirmaram que o aumento da atividade da catalase e da guaiacol peroxidase pelo nitrato de prata mostra que estas enzimas trabalham em conjunto para remover o peróxido de hidrogénio, sendo também uma razão para o início da defesa antioxidante, como, por exemplo, a resposta insuficiente de uma enzima ao nitrato de prata pelo aumento da atividade de outra enzima é compensada. A catalase está presente no peroxissoma das células vegetais e é a enzima mais importante para a remoção do peróxido de hidrogénio. Esta enzima protege as células dos efeitos tóxicos do peróxido de hidrogénio, decompondo-o em oxigénio molecular e água sem produzir radicais livres.

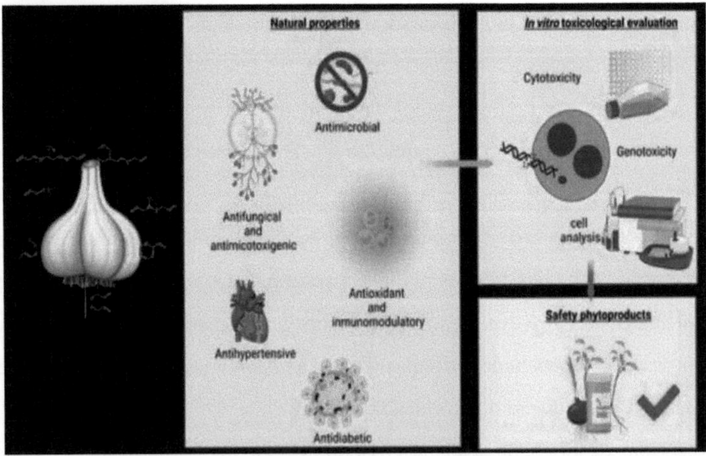

Figura 11. Estudos de toxicidade in vitro de compostos organossulfurados

De acordo com os resultados relatados por Schutzendubel e colegas, a adição de 50µM de cádmio ao cultivo hidropónico de raízes de Pinus sylvestris aumenta a atividade da catalase, da ascorbato peroxidase e da superóxido dismutase nas primeiras 6 horas e, após 12 horas, diminui.

Nesta investigação, devido ao facto de a atividade da enzima catalase ter aumentado em todos os tratamentos, relataram que a remoção do oxigénio ativo se deveu mais à catalase do que a outras enzimas e compensou a resposta insuficiente de outras enzimas. As outras enzimas não registaram alterações significativas ou diminuíram em todos os tratamentos.

As alterações criadas na atividade das enzimas antioxidantes podem estar relacionadas com o stress oxidativo causado à planta devido à acumulação de ROS após o tratamento com o metal pesado prata e também com a intensificação do processo de peroxidação lipídica relacionado com este stress. Em geral, o aumento da atividade enzimática pode ser igual ao aumento da velocidade de desintoxicação de ROS na planta.

É possível que a diminuição da atividade das enzimas se deva à gravidade dos efeitos destrutivos da prata ou das ROS induzidas na estrutura e na atividade destas enzimas. Foi determinado que a prata pode substituir os metais que estão na estrutura da enzima como um cofator enzimático, tendo assim um efeito negativo na sua atividade. De acordo com os resultados desta investigação, a catalase é mais eficaz do que a guaiacol peroxidase na eliminação do stress dos tratamentos.

A cisteína desempenha um papel muito importante na estrutura espacial das proteínas porque o agente tiol cisteína numa cadeia polipeptídica forma uma ligação covalente ao perder hidrogénio e estabiliza as unidades proteicas. A cisteína é um aminoácido contendo tiol nas plantas, que está envolvido na produção de vários compostos celulares importantes, incluindo glutatião, metalotioneínas, fitoquelatinas e sulfureto de hidrogénio como molécula de sinalização. Todos estes compostos desempenham um papel importante no aumento da tolerância ao stress. A concentração de cisteína livre nas plantas é baixa, mas os produtos resultantes do seu metabolismo na planta são numerosos, o que é causado pela elevada procura destes produtos em condições normais e de stress.

Ao examinarem diferentes concentrações de cobre em duas variedades de milho, referiram que o stress criado causou a acumulação de metal nas partes aéreas e foram observadas diferenças na fase de germinação. Ao examinar alguns parâmetros bioquímicos, o nível de glutationa, cisteína e peroxidação lipídica aumentou com o aumento da concentração do stress de cobre.

No presente estudo, a quantidade de cisteína aumentou em ambas as partes com a aplicação de nanopartículas de prata e, no caso do tratamento com nitrato de prata, observou-se uma diminuição significativa em ambas as partes em comparação com o controlo. Em geral, pode dizer-se que os explantes de alho são sensíveis ao tratamento com nanopartículas de prata e nitrato de prata, sendo o nível de sensibilidade ao nitrato de prata superior ao das nanopartículas de prata. O elicitor nitrato de prata, ao contrário da nanopartícula de prata, tem um efeito negativo na planta em concentrações semelhantes aplicadas durante o tratamento, o que pode ser observado com uma diminuição significativa do crescimento, dos níveis de alicina e de cisteína. Com base nos resultados, as nanopartículas de prata podem ser um bom estímulo para aumentar a produção de alicina com propriedades medicinais valiosas devido ao seu efeito não tóxico no crescimento e também na quantidade de proteína total dos explantes de alho nas concentrações utilizadas neste estudo e na indução de um aumento na produção de alicina.

Capítulo 4: Nanotecnologia na extração e administração de compostos de alho

Como extrair a alicina do alho?

A alicina é uma substância química vegetal que contém enxofre e que se encontra no alho e que está associada a muitos benefícios para a saúde. Ao contrário de outros compostos activos do alho, a alicina só é libertada quando os dentes de alho crus são esmagados, mastigados ou danificados. Isto torna a extração e o isolamento da alicina um desafio em comparação com outros compostos vegetais. No entanto, foram desenvolvidos vários métodos para otimizar a extração de alicina do alho para uso medicinal e suplementar. Este artigo fornece uma visão geral da alicina e dos seus benefícios para a saúde, bem como das técnicas de extração tradicionais e modernas.

O que é a alicina? A alicina (C(JIioO)S:) é classificada como um composto organosulfurado e é responsável pelo cheiro pungente e pelo sabor caraterístico do alho fresco. Quando os dentes de alho são esmagados, a enzima alliance converte a alicina, um aminoácido inodoro, em alicina. Devido à sua natureza instável, a alicina decompõe-se rapidamente noutros compostos saudáveis. No entanto, a investigação mostra que a própria alicina tem propriedades antimicrobianas, antioxidantes, anti-inflamatórias e de reforço imunitário. Estudos mostram que também pode ajudar a baixar a tensão arterial e os níveis de colesterol.

Uma visão geral dos métodos de extração

Esmagar ou triturar dentes de alho crus permite que a alicina e a aliança se combinem naturalmente para formar alicina. No entanto, esta alicina recém-formada deteriora-se em poucas horas à temperatura ambiente. Para preservar e isolar a alicina para estudos posteriores e utilização medicinal, são necessários métodos de extração mais sofisticados. As técnicas comuns de extração da alicina do alho incluem vários tipos de extração com solventes, destilação a vapor e extração com fluido supercrítico. A alicina menos pura também pode ser encontrada no extrato de alho envelhecido e em alguns produtos de óleo de alho . Atualmente, não existe nenhum método para extrair alicina 100% pura e estabilizada em quantidades significativas diretamente do alho. No entanto, estão a ser aperfeiçoadas técnicas para maximizar a eficiência e a pureza da extração de alicina.

Método de extração por solventes

Uma das formas mais comuns de extrair a alicina do alho envolve solventes. O etanol ou a água são normalmente utilizados para criar um extrato de alho que contenha alicina. O processo geral é o seguinte:

- Secar e pulverizar os dentes de alho crus. A liofilização ajuda a maximizar a produção de alicina.
- Misturar o alho em pó com um solvente, como o etanol ou a água, para formar uma solução ou suspensão.
- Filtrar o material sólido do solvente líquido que contém o extrato de alicina.
- Concentrar o filtrado para remover o excesso de solvente e deixar o extrato viscoso final de alicina.
- Analisar o extrato para determinar a concentração e a pureza da alicina.

Podem também ser utilizados outros solventes, como a acetona, o acetato de etilo ou o clorofórmio. A extração com etanol ajuda a estabilizar a alicina, mas pode ser menos pura do que a extração com água.

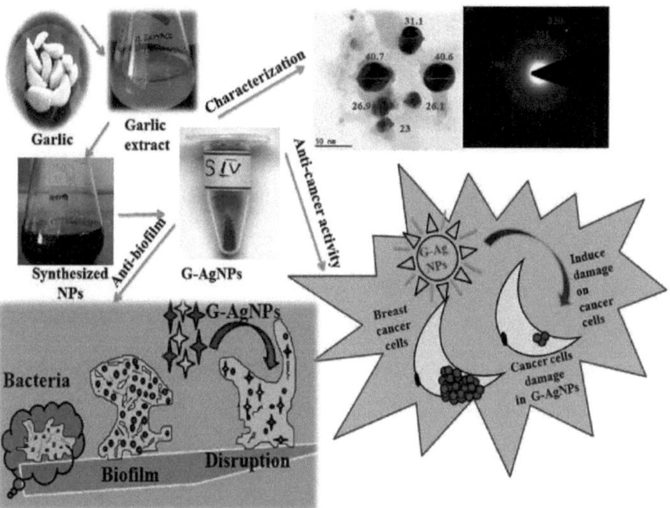

Figura 12. Nanopartículas de prata assistidas por extrato de cravo de alho

Método de extração enzimática

A utilização de enzimas específicas durante o processo de extração pode ajudar a melhorar o rendimento da alicina do alho:

- As celulases quebram as paredes celulares das plantas e aumentam a penetração do solvente e a libertação de alicina;
- As glucanases digerem açúcares complexos que retêm a alicina no interior das células. Isto facilita a extração posterior da alicina;
- As proteases decompõem as alliinases, enzimas que convertem a alicina em alicina ao esmagar o alho. Isto ajuda a estabilizar a alicina durante a extração.

As enzimas podem ser adicionadas diretamente à mistura alho-solvente durante a extração. A incubação a temperaturas óptimas para cada enzima aumenta a eficiência da extração. Esta técnica assistida por enzimas é relativamente simples e barata. O resultado é uma maior concentração de alicina em comparação com a extração apenas com solvente.

Suplementos de alho vs. alho cru

Devido à rápida degradação da alicina, os suplementos de alho não contêm quantidades significativas de alicina verdadeira. Em vez disso, são ricos em compostos de alho envelhecido, como a S - alilcisteína e os flavonóides, que são formados pela decomposição da alicina. Embora estes compostos tenham benefícios, o alho cru contém os níveis mais elevados de alicina. Para maximizar os benefícios para a saúde associados à alicina, o ideal é consumir alho cru. Aqueles que não gostam de comer alho cru podem usar extrato de alho com alto teor de alicina. No entanto, é frequentemente necessária uma cobertura intestinal para evitar a destruição gástrica. A potência pode variar muito entre os suplementos.

Extração e utilizações comerciais

Comercialmente, a alicina é produzida por extração e purificação em instalações certificadas para utilização em..:

- Suplementos alimentares e nutrientes;
- Cremes, géis e pomadas antimicrobianos;
- Aromatizante e conservante alimentar;

- Prevenção de pragas e insecticidas agrícolas;
- Investigação farmacêutica e desenvolvimento de medicamentos.

Devido à instabilidade da alicina, manter a potência durante a produção e o armazenamento é um desafio. A congelação por nitrogénio, a liofilização, a microencapsulação e outras técnicas de estabilização ajudam a preservar e a prolongar o prazo de validade.

O momento ideal para consumir suplementos de alho depende do objetivo desejado

- Controlo do colesterol - Tomar a sua dose diária em quantidades divididas com a sua maior refeição para evitar a síntese de colesterol;

- Tensão arterial - Tomar ao almoço e ao jantar para uma cobertura diária completa;
- Constipações - Tomar ao pequeno-almoço e ao jantar para reforçar continuamente o sistema imunitário;
- Saúde geral - Tomar com alimentos uma ou duas vezes por dia. Dividir a dose pode aumentar a absorção.

Evitar tomar comprimidos de alho imediatamente antes de dormir, pois pode causar indigestão, azia ou insónia em algumas pessoas. Nunca exceda as doses recomendadas, exceto se aprovado pelo seu profissional de saúde. Embora estudos tenham demonstrado que a alicina é benéfica para a saúde, a extração e preservação deste composto instável do alho continua a ser um desafio. A combinação da extração por solvente com enzimas proporciona um processo eficiente e de elevado rendimento. Embora os suplementos contenham pequenas quantidades de alicina verdadeira, os extractos estabilizados de alicina têm utilizações medicinais e comerciais. Para sentir todos os efeitos da alicina, o consumo regular de alho cru devidamente esmagado é provavelmente a sua melhor aposta. Ainda é necessária mais investigação para clarificar os efeitos da alicina na saúde e na farmacocinética.

Extração de alho sem solventes por homogeneizador ultrassónico industrial

O alho (Allium sativum) é rico em compostos organosulfurados (como a alicina, a glutationa) que têm muitos benefícios para a saúde. A extração ultra-sónica é um método fiável e eficiente para produzir extrato de alho de alta concentração. Utilizando ondas ultra-sónicas, é possível extrair extractos de alta qualidade com uma eficiência muito elevada e um espetro completo num período de tempo muito curto.

Extração com um homogeneizador de ultra-sons industrial

O princípio de funcionamento da extração por ultra-sons (também conhecida como extração acústica) baseia-se no fenómeno da cavitação acústica. A cavitação produzida por ultra-sons provoca forças de cisalhamento elevadas, micro-turbulências, jactos de líquido, e fortes diferenças de temperatura e pressão a nível local. Os efeitos mecânicos ultra-sónicos de elevada eficiência rompem as paredes celulares, provocam a penetração do solvente na célula e aumentam a transferência de massa. Como técnica de extração não térmica, a ultra-sonicação evita a degradação térmica dos compostos bioactivos. Os parâmetros do processo ultrassónico podem ser ajustados com precisão às matérias-primas e aos materiais-alvo para garantir uma qualidade superior do extrato.

Extração de alicina à base de água por homogeneizador de ultra-sons industrial

A alicina é a molécula de tiossulfinato mais abundante no extrato de alho. A alicina tem efeitos antibacterianos, antivirais, antifúngicos, antiprotozoários, anticancerígenos e hipoglicémicos e é também conhecida por apoiar a saúde cardiovascular e do sistema imunitário. As actividades medicinais do alho estão sobretudo relacionadas com as reacções de permuta tiol-dissulfureto com proteínas que contêm tiol. Para produzir um extrato de alho altamente concentrado com quantidades elevadas de compostos organossulfurados, a extração por ultra-sons é um método seguro e eficiente para separar os tióis e outras substâncias bioactivas do alho. A ultra-sons liberta tióis do interior das células de alho e torna possível preparar um extrato com uma gama completa de biomoléculas de alho.

Protocolos de extração de alicina por homogeneizador ultrassónico industrial

Arzanllo et al. (2010) relataram a extração ultra-sônica de alicina de dentes de alho usando água como solvente. Eles usaram 20 gramas de dentes de alho esmagados à mão. Eles sonicated alho embebido em 600mL de água destilada por 5 min usando um dispositivo ultra-sônico 200W em 100% de amplitude. Foi utilizado um banho de gelo para remover o calor. Após a ultra-sons

Na extração, o puré de alho foi prensado através de um pano de linho de cinco camadas. A suspensão foi transferida para um tubo de 50 ml e centrifugada a 1258 g a 4°C durante 20 minutos para separar o material restante do líquido. O sobrenadante foi transferido para um tubo estéril de 50 ml e selado para armazenamento.

Ismail et al. (2014) relataram a extração eficiente de biomoléculas contendo enxofre, cisteína e glutationa do alho usando ultrassom à base de água. Eles descobriram que a concentração ideal de alho foi de 10% (w / v) na extração com becher aberto. A quantificação dos tióis foi efectuada utilizando o método do reagente de Elman. Obtiveram um rendimento de extração de 0,170 mM de tiol. Os pesquisadores concluíram que a extração ultra-sônica à base de água é um método simples, seguro e econômico para isolar os tióis do alho. Bose et al. (2014) comparou a extração utilizando uma sonda de ultra-sons com imersão tradicional, utilizando um banho de ultra-sons, e extração de micro-ondas. Os resultados mostraram que a extração com sonda de ultra-sons deu o maior rendimento de alicina.

Vantagens da extração de alho por ultra-sons

- Sem solventes / à base de água;
- Elevada eficiência de extração;

- Extractos de alta qualidade;
- Processo não térmico;
- Extractos de espetro total;
- Processo rápido;
- Verde, amigo do ambiente;
- Funcionamento simples e seguro;
- Manutenção reduzida;
- Rendimento rápido do capital.

Extractores ultra-sónicos de elevado desempenho

Os sistemas de extração por ultra-sons em todo o Irão nas indústrias alimentar e farmacêutica para a produção comercial de extractos de plantas de alta qualidade (para utilização como aditivos alimentares, nutricionais e terapêuticos suplementos) são utilizados Quer o seu objetivo seja produzir pequenos lotes de extrato de alho ou processar grandes quantidades de extractos de plantas de alta qualidade, o Extrator de Ultra-sons FAPEN é o ideal para si.

Vantagens competitivas da extração por ultra-sons

As principais vantagens da extração de compostos bioactivos com ondas ultra-sónicas (ultra-sons) a partir de materiais vegetais como o alho incluem uma redução significativa do tempo de extração e de processamento, a compatibilidade com o ambiente devido à extração à base de água ou à redução da utilização de solventes e a emissões negligenciáveis de CO_2, o baixo consumo de energia, bem como o funcionamento simples e seguro dos sistemas ultra-sónicos.

Normalização do processo com ultra-sons FAPEN

Os extractos utilizados em alimentos ou medicamentos devem ser produzidos de acordo com as Boas Práticas de Fabrico (BPF) e com especificações de processamento normalizadas. Os sistemas digitais de extração por ultra-sons da FAPEN possuem um software inteligente que facilita a configuração e o controlo do processo ultrassónico. A robustez do equipamento de ultra-sons da FAPEN permite um funcionamento 24 horas por dia, 7 dias por semana, em ambientes pesados e difíceis.

O alho e os seus benefícios para a saúde

O alho é rico em biomoléculas que lhe dão força como planta medicinal e suplemento alimentar. 200 compostos diferentes estão na origem dos efeitos benéficos do alho para a saúde. Os dentes de alho têm um teor extremamente elevado de compostos organosulfurados, como a alliina, a alicina e os compostos γ-glutamilcisteína, como a γ-glutamil-S-allylcisteína, a γ-glutamil-S-trans-1-propenilcisteína. O alho contém pelo menos quatro vezes mais enxofre do que outros vegetais ricos em enxofre, como a cebola, os brócolos e a couve-flor. Estes compostos contendo enxofre dão ao alho um cheiro e sabor picante. Enxofre- contendo biomoléculas são chamados de compostos sulfidrila e pertencem ao grupo dos tióis. Encontram-se em todos os tecidos e células do corpo humano e desempenham um papel importante em muitas reacções bioquímicas vitais.

A cisteína e a glutationa (GHS) são dois importantes tióis encontrados no alho. A cisteína é um aminoácido contendo enxofre que possui um grupo sulfidrilo altamente ativo do ponto de vista químico. O glutatião (GHS), um tripeptídeo composto pelos aminoácidos glutamato, cisteína e glicina, é o composto sulfidrilo de baixa massa molecular mais omnipresente no corpo humano. O glutatião actua como um excelente antioxidante e tem uma função vital no corpo humano (por exemplo, no sistema imunitário).

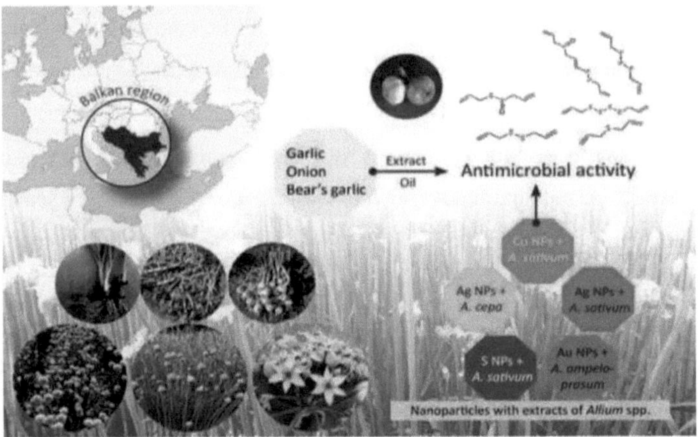

Figura 13. Espécies de Allium na região dos Balcãs - Metabolitos principais, propriedades antioxidantes e antimicrobianas

Importância da radiação de ultra-sons

A radiação das ondas de ultrassom é realizada com um transdutor que geralmente tem a forma de um banho de ultrassom ou de uma sonda de ultrassom. A propagação das ondas ultra-sónicas no meio líquido provoca a cavitação acústica e o resultado é a formação, crescimento e colapso de bolhas juntamente com a propagação da corrente sonora.

O colapso da bolha pode levar a uma concentração muito elevada de energia resultante da conversão da energia cinética do movimento do líquido no aquecimento do conteúdo da bolha. Uma temperatura local de 5.000 K e uma pressão de 1.000 atmosferas, combinadas com um arrefecimento ultrarrápido, permitem a realização de reacções químicas em condições extremas.

À medida que as ondas de ultrassom passam através do meio líquido, ondas senoidais são propagadas no meio. Durante a fase de diluição do meio-ciclo ultrassónico, quando a pressão no meio condensado é suficientemente

inferior à pressão do ar ou à pressão estática, as bolhas no meio crescem.
Os núcleos possíveis para a cavitação são as bolhas de gás presas nas paredes do reator e as fissuras ou pequenas bolhas que já estavam presentes no ambiente. Se a amplitude de pressão das ondas de ultra-sons for suficientemente elevada, as bolhas expandem-se rapidamente (mais do dobro do tamanho original).

O crescimento da bolha é acompanhado pela evaporação da água na sua superfície interna (assume-se que o meio de reação é apenas água) e as moléculas de vapor de água difundem-se na bolha. Algumas bolhas que atingem o seu crescimento máximo são instáveis e entram em colapso. O colapso das bolhas acontece muito rapidamente e é por isso que este processo ocorre subitamente.

As moléculas de vapor que entram na bolha durante a expansão deslocam-se para a superfície interior da bolha na fase de compressão e condensam aí. Nos momentos finais do colapso da bolha, o movimento radial da bolha é rápido e todas as moléculas de vapor de água não conseguem ser substituídas na parede da bolha.

Assim, todas as moléculas de vapor que se aproximam da superfície da bolha não conseguem aderir a ela e são forçadas a condensar. Como resultado, o vapor de água fica preso na bolha e exposto a temperaturas extremas e condições de pressão produzidas na bolha no momento do colapso.

Finalmente, as moléculas de vapor de água são dissociadas e os radicais são produzidos. A taxa de produção de radicais depende do número total de moléculas de água na bolha durante o colapso, da intensidade do colapso (ou seja, a quantidade de temperatura e pressão na bolha no momento do colapso) e do número de bolhas no ambiente. Os radicais aceleram as reacções químicas. Vale a pena mencionar que as caraterísticas dos fenómenos envolvidos nos reactores sonoros são importantes para a conceção óptima dos processos químicos.

Efeitos químicos

O principal efeito químico causado pela propagação de ondas de ultra-sons no meio líquido é a geração de radicais através do colapso transitório da cavidade da bolha, o que acelera as reacções.

Efeitos físicos

Existem vários efeitos físicos causados pela emissão de ondas de ultra-sons. Estes efeitos causam principalmente fortes deslocações no meio líquido através de diferentes mecanismos que são descritos abaixo:

Fluxo de áudio

A propagação das ondas de ultra-sons no meio líquido provoca uma pequena amplitude de movimento oscilatório dos elementos líquidos em torno da posição intermédia. Este fenómeno é designado por Microstreaming. A sua velocidade é dada por=V, que é a pressão do campo oscilante da onda ultra-sónica, a densidade do meio, e c é a velocidade do som no meio.

Uma pequena confusão

O movimento radial do orifício da bolha provoca o movimento oscilatório do líquido na sua vizinhança, o que se designa por micro turbulência. Este fenómeno é o seguinte: Durante a fase de expansão, o líquido é deslocado do centro da bolha.

Durante a fase de colapso, o líquido é atraído para a bolha à medida que a enche e, de facto, o vazio criado é preenchido com líquido, reduzindo o tamanho da bolha. A velocidade média da pequena turbulência depende da amplitude da oscilação da bolha. No entanto, deve notar-se que este fenómeno ocorre apenas na área fechada perto da bolha. A sua velocidade diminui muito rapidamente à distância da bolha.

Onda de choque ou onda de choque

Como mencionado anteriormente, durante o movimento radial de compressão, os elementos líquidos adjacentes à bolha convergem para a parede da bolha. Para uma bolha de gás (contendo um gás não denso como o ar), ocorre uma compressão espontânea. No ponto de raio mínimo (compressão máxima), a parede da bolha sofre uma paragem súbita e reversível a alta velocidade.

Esta reflexão cria uma onda de choque que se propaga no ambiente. De facto, a onda de choque é produzida devido ao movimento do líquido em torno da bolha, que tende a deslocar-se para fora do centro da bolha no final da fase de compressão. A primeira pesquisa sobre o efeito da viscosidade para a ocorrência de ondas de choque iniciais em líquidos foi feita há mais de 50 anos por Poritsky, Zababakhin e há 20 anos por Brennan.

Como resultado, foi demonstrado que a onda de choque desaparece em líquidos com viscosidade suficientemente elevada, como a glicerina. Além disso, a investigação numérica e experimental de Hegedus e seus colegas mostrou que a formação de ondas de choque depende não só do número de Mach instantâneo, mas também do número de Reynolds instantâneo como = (r(t) r (t)) /θ onde r(t) é o raio da bolha dependente do tempo e θ é a viscosidade cinemática.

Devido à rápida diminuição da viscosidade dos líquidos com o aumento da temperatura, o efeito da viscosidade é limitado a baixas temperaturas para os líquidos. Por outro lado, Brennan verificou que a dinâmica das bolhas e das ondas de choque é influenciada principalmente pela pressão de vapor, se a temperatura do líquido for cerca de 70-80% da sua temperatura de ebulição. Em aplicações reais, como o domínio em rápido desenvolvimento da tecnologia de ultra-sons, as ondas de choque geradas pelo colapso de uma bolha podem ser utilizadas de várias formas. Por exemplo, para reduzir o peso molecular dos polímeros, para aumentar a eficiência da catálise heterogénea ou para misturar dois líquidos descontínuos para produzir emulsões muito estáveis.

Micro jato

Durante o movimento radial, a bolha mantém a sua geometria esférica desde que o movimento do fluido na sua vizinhança seja simétrico e uniforme, resultando em nenhum gradiente de pressão. Mas se a bolha estiver localizada perto da fronteira sólido-líquido ou gás-líquido ou líquido-líquido), o movimento do líquido perto dessa fronteira é impedido, e o resultado é o crescimento do gradiente de pressão perto dela.

Esta não uniformidade da pressão resulta da perda da geometria esférica da bolha. Durante o movimento radial assimétrico, a parte da bolha que está exposta a uma pressão mais elevada colapsa mais cedo do que o resto da bolha, o que aumenta a produção de um jato líquido de alta velocidade. No entanto, a direção deste jato depende das propriedades da fronteira.

Para uma fronteira rígida, os microjactos são dirigidos para a fronteira, enquanto que para uma fronteira livre os microjactos são dirigidos para longe da fronteira. A velocidade dos microjactos é estimada em 120-150 m/s. Em fronteiras rígidas, estes jactos podem causar danos graves no ponto de impacto e desgastar a superfície.

Óleo de alho ou óleo de alho a 99% ou Alitridi

- China Óleo de alho 99% ou Allitridi fábrica, fornecedor, fabricante na China;
- Propriedades: Líquido oleoso de cor amarelada clara, com um odor caraterístico.

Palavra-chave

- Óleo de alho 99% ou Allitridi.

Propriedades

- Aspeto: Líquido oleoso amarelo claro e pálido;
- Aroma: Forte aroma a óleo de alho;
- Gravidade específica: 1,0 ~ 1,05 1,0;
- Solubilidade: Insolúvel em água, ligeiramente solúvel em etanol;
- Ingredientes principais: Diallyl Disulfide, Diallyl trisulfide;
- Teor total ≥98%.

Descrição: O óleo de alho 99% ou Allitridi é um ingrediente especial do alho. Este material apresenta um líquido transparente de cor âmbar clara. É a substância mais importante extraída do alho. O óleo de alho 99% ou Allitridi contém sulfuretos activos muito importantes. É muito benéfico para a saúde geral e para a saúde cardiovascular. O óleo de alho 99% ou Allitridi é um líquido amarelo-esverdeado com um forte odor a alho, insolúvel em água e parcialmente solúvel em etanol.

Embora o principal componente do óleo de alho sejam os compostos tiólicos, as suas propriedades químicas são relativamente estáveis. Este material pode suportar temperaturas superiores a 120 graus Celsius num ambiente não fortemente ácido e não é fácil de decompor, mas pode induzir a decomposição se for exposto aos raios ultravioleta durante muito tempo.
Allium sativum

L. Os bolbos foram destilados a vapor. Para um líquido límpido amarelo pálido a laranja. e fortes odores irritantes como o mercaptano.

Os principais componentes são: Dissulfureto de alilpropilo, dissulfureto de dialilo, tri-sulfureto de dialilo, alicina, etc. O óleo de alho 99% ou Allitridi é produzido principalmente na China. Esta planta é sobretudo utilizada na preparação de especiarias picantes. Também é utilizada em anti-sépticos e outros medicamentos. A oleorresina de alho pode ser extraída do bolbo de alho com solvente orgânico e é utilizada na indústria alimentar. O óleo de alho 99% ou Allitridi também pode ser sintetizado quimicamente (os seus principais ingredientes são o dissulfureto de dialilo e o trissulfureto de dialilo). As principais matérias-primas são: Cloreto de alila, sulfeto de álcali, etc. A norma de aplicação é a NY/T1497-2007.

Informações sobre o produto: O óleo de alho 99% ou Allitridi é geralmente aprovado pelo Ministério da Agricultura como aditivo alimentar, o óleo de alho misturado com um veículo para formar alho, a especificação geral é de 25% de óleo de alho.

Caraterísticas: O óleo de alho 99% ou Allitridi tem um líquido volátil castanho-avermelhado, com um forte cheiro a alho, insolúvel em água, glicerol e propilenoglicol, densidade relativa 1,050-1,059, índice de refração 1,550-1,580, as propriedades químicas são estáveis, mas fáceis de quebrar em álcali.

Modo de utilização e dosagem: Para medicamentos para gado e aves de capoeira, o óleo de alho a 99% ou Alitridi deve ser misturado com a ração, os medicamentos para peixes devem ser utilizados com a ração. (alimentar peixes e camarões uma vez por dia).

Método de armazenamento: Selado, colocado num local fresco e seco, à prova de sol, à prova de calor.

Ingredientes activos

Os ingredientes activos do óleo de alho 99% ou Allitridi são: Dissulfureto de propileno, dissulfureto de propileno, trissulfureto de propileno, sulfureto de propileno, sulfureto de propileno-metilo e outros compostos de enxofre voláteis.

Funções e programas

- O óleo de alho 99% ou bacteriostase aliteridi é considerado de largo espetro com forte bacteriostase;

- Tempero e absorção de alimentos para melhorar a qualidade dos alimentos;
- O óleo de alho 99% ou Allitridi é capaz de reforçar a função imunitária e os cuidados de saúde para aumentar o crescimento;
- A qualidade dos animais melhorará efetivamente com a ajuda de 99% de óleo de alho ou Allitridi;
- Desintoxicação e repelência dos insectos, prevenção do bolor e manutenção da frescura;
- 99% de óleo de alho ou Allitridi não é tóxico, não tem efeitos secundários, não tem medicamentos, não tem resistência aos medicamentos;
- Este produto tem propriedades anti-coccidianas.

Eficácia específica

- O óleo de alho 99% ou Allitridi é um potenciador natural do sistema circulatório, que é capaz de reduzir o colesterol e a gordura no sangue, reforçar a elasticidade vascular, reduzir a agregação plaquetária e promover a circulação sanguínea, pode prevenir doenças cardiovasculares como a trombose e a pressão sanguínea.

- O óleo de alho 99% ou Allitridi previne as constipações e é aplicado na febre, no alívio da dor, na tosse, na dor de garganta e no nariz entupido e noutros sintomas de constipação.
- Este produto é capaz de ativar a mucosa do sistema digestivo, fortalecer o estômago e os intestinos, reforçar o apetite e acelerar a digestão.
- O óleo de alho 99% ou Allitridi pode regular o açúcar no sangue e

prevenir a diabetes.

Como o mais famoso fornecedor de óleo de alho chinês 99% ou Allitridi na China, os produtos do Grupo Fengchen são bem embalados com as embalagens mais recentes e seguras. O óleo de alho 99% ou Allitridi é uma substância antimicrobiana de largo espetro que tem muitas funções medicinais, incluindo a ativação celular, promovendo a produção de energia, aumentando a capacidade antimicrobiana e antiviral, acelerando o metabolismo, reduzindo a fadiga, etc.

Por conseguinte, o óleo de alho 99% ou Allitridi é amplamente utilizado em muitos domínios. No tratamento médico, este produto pode ser utilizado para tratar doenças infecciosas, doenças gastrointestinais, doenças orais, doenças cardiovasculares e cerebrais, e tem efeitos anti-envelhecimento, anti-envenenamento por metais, anti-cancro e outros efeitos.

Em termos de aquacultura, o óleo de alho 99% ou Allitridi tem efeitos óbvios nos animais, efeitos antibacterianos e antioxidantes no interior do corpo e pode melhorar a função imunitária dos animais. A adição de 99% de óleo de alho ou Allitridi a vários alimentos para animais pode aumentar a taxa de absorção dos alimentos para animais e a taxa de conversão alimentar, aumentar a taxa de sobrevivência dos animais, reduzir a mortalidade e melhorar a qualidade da carne dos produtos animais. Este aditivo alimentar é muito valioso.

Na plantação, o óleo de alho 99% ou Allitridi pode ser utilizado para controlar as pragas das plantas e os nemátodos. Algumas empresas estão optimistas quanto às perspectivas de desenvolvimento da alicina. A fim de a utilizar convenientemente e aumentar o efeito terapêutico, desenvolveram microcápsulas de óleo de alho, aerossol de alho, tintura de alho, líquido de alho, xarope de alho, comprimidos de alho, enemas de alho, injeção de alho, etc.

Aplicações e aplicações futuras

A China é o mais importante produtor e exportador de produtos de alho do mundo. No entanto, o óleo de alho 99% ou Allitridi raramente é transformado, principalmente para produtos primários e matérias-primas.

A fim de aumentar a competitividade internacional, o alho é objeto de uma transformação suplementar, especialmente o óleo de alho 99% de alta qualidade ou Allitridi. É muito necessário desenvolver produtos com elevado valor acrescentado. Para tal, é necessário melhorar continuamente o processo de extração do óleo de alho. Os métodos tradicionais de destilação a vapor e de extração com solventes orgânicos têm um tempo de extração longo e a taxa de extração do óleo de alho 99% ou Allitridi é relativamente baixa.

A tecnologia de extração de CO_2 supercrítico tem as vantagens de um ciclo de produção curto, elevada eficiência de extração, segurança e fiabilidade, entre as quais estão em curso aplicações experimentais e industriais. Envio e entrega: Fengchen Group é um dos mais famosos fabricantes de óleo de alho 99% ou Allitridi na China, nosso transporte é profissional e relativamente rápido.

Acredita-se que a utilização da tecnologia de extração supercrítica no processamento profundo do alho se desenvolverá rapidamente com mais investigação sobre a combinação da tecnologia de extração supercrítica e a industrialização. A nova tecnologia de extração por ultra-sons e micro-ondas tem mostrado gradualmente as suas vantagens na extração de produtos naturais devido às suas vantagens em melhorar a taxa de transferência de massa e encurtar o tempo de extração.

Fengchen Group é um fabricante e fornecedor líder de 99% de óleo de alho chinês ou Allitridi. Somos especializados em quantidades por atacado e a granel, garantindo que todos os nossos clientes tenham o fabricante e fornecedor certo de 99% de óleo de alho chinês ou Allitridi quando precisarem. No entanto, este tipo de método ainda se encontra em fase de investigação laboratorial e a sua aplicação generalizada na produção industrial necessita de um estudo mais aprofundado.

Entretanto, no processo de extração de óleo de alho a 99% ou de Allitridi, a tecnologia de desintoxicação e a tecnologia de estabilização da alicina devem ser continuamente melhoradas e optimizadas para garantir a qualidade e a atividade do óleo de alho a 99% ou de Allitridi. Ao mesmo tempo, a investigação e o desenvolvimento de produtos de transformação profunda de óleo de alho devem ser intensificados, e devem ser utilizados bons produtos para ajudar a sensibilizar as pessoas para o óleo de alho e promover o desenvolvimento deste domínio.

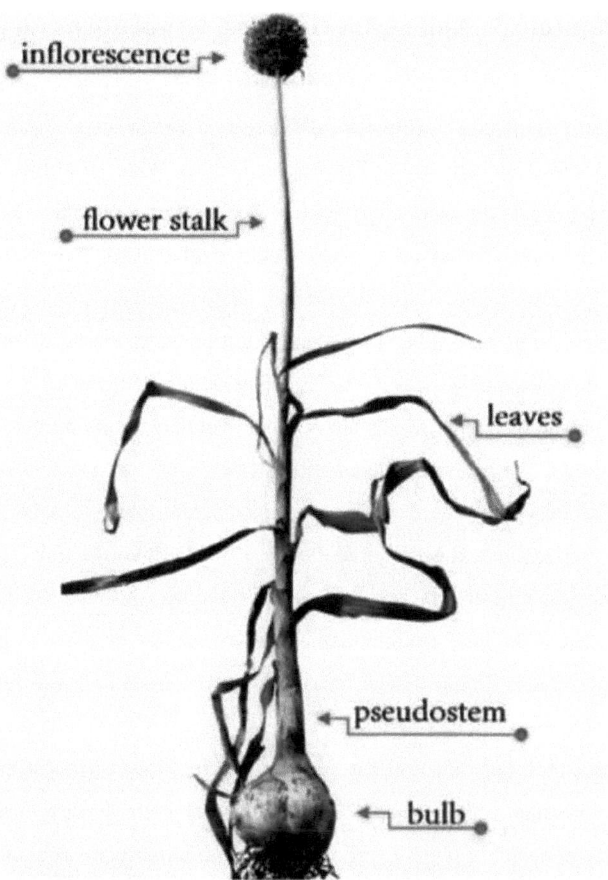

Figura 14. Descrição morfológica da planta Allium

Capítulo 5: Aplicações clínicas e terapêuticas do alho iraniano

70 propriedades do consumo de alho e tudo o que precisa de saber sobre o alho A raiz de alho tem utilizações medicinais. Pode ser utilizada fresca, seca ou extraída em óleo. Uma vez que alguns compostos úteis desta planta se tornam inactivos devido ao aquecimento, o alho cozido tem menos poder medicinal. Até à data, o alho tem sido amplamente estudado em experiências clínicas com animais e seres humanos e em tubos de ensaio e em estudos epidemiológicos pelas suas múltiplas propriedades medicinais.

A qualidade das experiências em seres humanos tem sido diferente, o que dificultou a comparação entre as diferentes experiências. Os efeitos do alho no nível de lípidos (gordura) foram estudados em muitos ensaios clínicos. Em experiências realizadas entre 1993 e 1994, verificou-se que o consumo de alho desempenha um papel importante na redução dos níveis de colesterol no sangue. Com base em importantes recomendações clínicas, os pacientes são informados de que o alho tem um efeito ligeiro e de curta duração na redução da gordura no sangue.

Os pacientes que têm um historial de doença trombótica (formação de coágulos sanguíneos nos vasos sanguíneos ou no coração) devem saber que o alho pode ter um efeito pequeno mas importante na acumulação de plaquetas. Além disso, os pacientes devem ser informados de que esta planta tem a propriedade de reduzir o risco de cancro, especialmente o cancro do estômago e do intestino. Devido à presença de enxofre, o alho aumenta o nível de glutatião no sangue, e o aumento desta substância nas células do corpo aumenta o nível de antioxidantes em todas as células do corpo e previne a ocorrência de cancro; O alho previne o crescimento de células cancerígenas nas fases iniciais.

O consumo de alho aumenta a função do sistema imunitário do corpo e é um forte antídoto contra as células cancerígenas; na China, as pessoas consomem pelo menos seis dentes de alho diariamente, e uma das razões para a baixa taxa de cancro do estômago na China é o consumo de alho. O alho limpa o sangue devido às suas propriedades antibióticas.

A alicina no alho aumenta naturalmente as enzimas antioxidantes e a glutationa peroxidase no sangue. Essa ação pode reduzir os efeitos colaterais da ticotina no corpo e prevenir doenças e exaustão do fígado, inibindo a peroxidação lipídica; Estudos demonstraram que o alho pode reduzir a pressão alta em um a cinco por cento, talvez essa quantidade seja pequena, mas causa uma redução de 30 a 40 por cento no risco de derrame e uma redução de 20 a 25 por cento na incidência de doenças cardíacas.

O consumo de um dente de alho por dia fortalece a saúde do corpo e o consumo de dois a três dentes de alho por dia previne constipações. Ao consumir alho, pode prevenir a ocorrência de coágulos sanguíneos ou trombose nos vasos do coração. Ao produzir óxido nítrico no sangue, o alho provoca a dilatação dos vasos sanguíneos no corpo e reduz os coágulos sanguíneos nas veias.

As propriedades antibacterianas do alho são muito úteis para tratar a tosse e os problemas de garganta; reduzem a gravidade da infeção do trato respiratório superior; considera-se que o alho regula os níveis de açúcar no sangue aumentando a secreção de insulina em doentes diabéticos. Recomenda-se o consumo de alho para prevenir o cancro do estômago e do cólon. Estudos demonstraram que o consumo de alho inibe o colesterol elevado no sangue e previne a ocorrência de doenças cardiovasculares.

O alho previne a ocorrência de constipações e é muito útil no seu tratamento; tradicionalmente, o alho é utilizado para tratar a rouquidão e o roubo. O alho é eficaz na redução dos níveis de homocisteína no sangue e é eficaz no tratamento dos sintomas da diabetes e de algumas das suas complicações. O alho é utilizado para tratar infecções, especialmente problemas torácicos, perturbações digestivas e infecções fúngicas, como as aftas. O alho pode ser utilizado como antissético devido às suas propriedades bacteriostáticas e bactericidas.

O alho aumenta a absorção de tiamina no corpo e previne a ocorrência da doença de Barbary. No corpo, a respiração é causada pela conversão da substância sulfúrica alicina e a sua conversão em alicina no corpo; O alho é uma fonte rica em selénio, que tem fortes propriedades antibacterianas e previne a formação de coágulos sanguíneos nas veias; Em investigação laboratorial, a alicina e compostos relacionados inibem a enzima HMG-COA redutase, esta enzima desempenha um papel na produção de colesterol no fígado. Vários testes médicos demonstraram que o alho reduz a gordura no sangue; o alho previne a formação de coágulos sanguíneos. A atividade antioxidante e o efeito na redução do LDL no sangue foram observados tanto em seres humanos como em laboratório. Em pacientes com coágulos sanguíneos, reduz a formação de ésteres de colesterol nas células da aorta.

Ao longo da história, o alho tem sido utilizado em todo o mundo para tratar várias doenças, incluindo a tensão arterial elevada, infecções e picadas de cobra, e algumas culturas utilizavam-no para afastar os maus espíritos. Hoje em dia, a planta do alho é apresentada e consumida sob a forma de vários derivados e sob a forma de vários comprimidos e óleos; o consumo de alho limpa as vias respiratórias e o sangue e, ao fazê-lo, reduz a intensidade e a dificuldade da falta de ar; esfregar alho nas pestanas e nas borbulhas das pálpebras fará com que desapareçam; o consumo de alho reduz a pressão sanguínea e a gordura, pelo que é útil nas doenças cardiovasculares.

Figura 15. Partes morfológicas das plantas de Allium: (**a**) rizomas; (**b**) bolbo tunicado; (**c**) pequenos bolbos, como material de propagação; (**d**) espata; (**e**) flores na inflorescência; (**f**) bulbilhos na inflorescência; (**g**) frutos (cápsulas); (**h**) sementes

Propriedades nutricionais e farmacológicas do alho

O alho ocupa um lugar especial na ciência médica atual:

- O alho é um forte antibiótico natural, antifúngico e antiviral. Entre os diferentes produtos de alho, o óleo essencial de alho tem um efeito antimicrobiano mais forte. Assim, em comparação com o alho em pó e o alho fresco, tem efeitos antimicrobianos 200 e 900 vezes mais fortes, respetivamente. Além disso, a utilização de óleo essencial e extrato de alho na indústria alimentar foi declarada segura pela Food and Drug Administration dos Estados Unidos. Pasteur, um famoso médico francês, realizou muitas experiências com alho e confirmou o efeito bactericida do alho.

- As propriedades mais importantes do alho estão relacionadas com a alicina, um composto oleoso com uma cor amarela clara que cria o aroma especial do alho. A alicina é também designada por óleo de alho. A quantidade mais elevada de alicina no alho é de 80% a 85%, que é cultivado na zona de Mardavij (Hamadan).

- O alho contém potássio e germânio, que melhoram a saúde; o germânio pode neutralizar os iões positivos e aumentar o nível de energia do corpo, facilitando o fluxo sanguíneo e aliviando a dor e as contusões no corpo. Naturalmente, todas as células do corpo humano contêm germânio.
- O alho é rico em ácido fólico, vitamina C, cálcio, ferro, magnésio, potássio e uma pequena quantidade de zinco e vitaminas B1, B2 e B3.
- O seu consumo regular e diário em jejum pode curar as células cancerígenas.
- Trata as infecções respiratórias.
- Para aliviar a dor de dentes, aplique alho cru nas gengivas e nos dentes várias vezes ao dia.
- Colocar o alho esmagado sobre a verruga para a fazer desaparecer.
- Para tratar a sinusite, fritar alguns dentes de alho esmagados em manteiga e comer com pão.
- Pique finamente um dente de alho e beba-o com um pouco de água para aliviar o inchaço, a obstipação e a dor de estômago.
- É benéfico para as pessoas que sofrem de hipertiroidismo, uma vez que é uma fonte rica em iodo.
- O alho é também utilizado para combater o stress e a fadiga e para manter a saúde do fígado.
- Esfregar alho nas borbulhas das pestanas e das pálpebras irá livrar-se delas.
- É rico em antioxidantes
- As pessoas que sofrem de SIDA são aconselhadas a evitar o alho porque

o alho reduz o efeito dos medicamentos e inibe a protease do sangue, mas um dos cientistas americanos que investiga a SIDA na Universidade da Florida acredita que o alho tem um efeito sobre a SIDA.

- O alho é um dos vegetais que previne muitos cancros. Previne o cancro do cólon, da mama, do estômago, da próstata e da bexiga.

- Outras utilizações do alho incluem a sua utilização no tratamento da febre, tosse, dores de cabeça, dores abdominais, congestão sinusal, gota, reumatismo, hemorróidas, asma, bronquite, falta de ar, tensão arterial elevada, colesterol e triglicéridos elevados, baixo nível de açúcar no sangue, é utilizado para o tratamento do açúcar elevado no sangue e picadas de cobra.

- O alho é muito útil para o crescimento do cabelo, da barba e do bigode. O alho estimula o folículo piloso a engrossar. Rale um dente de alho diariamente e aplique-o onde quer perder cabelo. O alho também fortalece as raízes do cabelo.

- Reforçar o sistema imunitário. A imunidade do seu corpo é o que o impede de ficar doente em primeiro lugar, e também ajuda a combater a doença quando necessário. O alho fortalece o sistema imunitário para prevenir as constipações e os vírus da gripe. As crianças apanham seis a oito constipações por ano, enquanto os adultos apanham duas a quatro. As propriedades do alho cru podem proteger contra a tosse, a febre e as constipações. Comer dois dentes de alho esmagados por dia é a melhor maneira de ganhar. Em algumas famílias de todo o mundo, penduram-se dentes de alho num fio à volta do pescoço das crianças para ajudar a aliviar a obstipação.

- Ajuda a reduzir a tensão arterial. Os acidentes vasculares cerebrais e os ataques cardíacos são dois dos principais problemas de saúde a nível mundial. A tensão arterial elevada é um importante fator de risco para as doenças cardíacas. Pensa-se que é a causa de cerca de 70% dos acidentes vasculares cerebrais, ataques cardíacos e insuficiência cardíaca crónica. A tensão arterial elevada é responsável por 13,5% das mortes em todo o mundo. Uma vez que são a principal causa de morte, é importante abordar uma das suas principais causas, a tensão arterial elevada.

- Relação entre o alho e a tensão arterial. Se o consumo de alho lhe provocar palpitações e pulso rápido com tremores ou inquietação, é muito provável que aumente a sua tensão arterial. Quanto mais picante for o alho, mais grave será esta complicação. Se sofre frequentemente de ansiedade ou de raiva ou tristeza escondidas, seguidas de flutuações da tensão arterial, o consumo de alho picante não lhe será prejudicial. O alho picante pode tornar o sistema simpático do coração mais excitável e, consequentemente, a tensão arterial pode aumentar. Os chineses utilizam o alho há séculos para baixar a tensão arterial.
- Ajuda a reduzir os níveis de colesterol, O colesterol é um componente de gordura no sangue. Existem dois tipos de colesterol: o "mau" colesterol LDL e o "bom" colesterol HDL. Demasiado colesterol LDL e pouco colesterol HDL podem causar graves problemas de saúde. Foi demonstrado que o alho reduz os níveis de colesterol total e LDL em 10-15%. Além disso, o consumo de alho não afecta os níveis de HDL ou de colesterol bom. Se tem um historial familiar de doença cardíaca ou sofre de doença cardíaca, deve adicionar alho à sua dieta. O consumo de alho reduz o colesterol no sangue. Reduz a quantidade de LDH. O consumo de alho para este efeito é de 30 gramas por dia. É interessante que, ao consumir alho nos primeiros meses, a quantidade de colesterol pode aumentar e isso deve-se ao facto de o colesterol ser retirado dos tecidos e entrar no sangue para ser eliminado. Depois que o colesterol atinge o nível normal, deve-se consumir meio alho cru por dia para mantê-lo.
- Ajuda a prevenir o cancro, Os benefícios do alho para a saúde não

terminam no coração. Por isso, aqui está outra razão pela qual o seu corpo pode beneficiar de uma dose extra deste membro da família da cebola. De acordo com a investigação, o consumo de alho fresco pode ajudar a reduzir o risco de cancro do cólon. De acordo com o Iowa Women's Health Study, as mulheres que comem regularmente alho, juntamente com outros vegetais e frutas, têm 35% menos probabilidades de desenvolver cancro do cólon. O consumo de alho previne o cancro do sistema digestivo.

- Propriedade antibiótica, o alho contém alicina. A alicina é um antibiótico bioativo que pode ajudar a combater infecções e bactérias existentes. Foi demonstrado que o extrato de alho suprime o crescimento de:
    - Elementos fúngicos;
    - Elementos proto-celulares;
    - Infecções virais;
    - Muitas bactérias, por exemplo, a salmonela.
- Acredita-se que a alicina seja uma boa alternativa aos antibióticos. Na União Soviética, o alho é conhecido como penicilina, e o seu consumo aumenta normalmente quando há um surto de gripe. Há alguns anos, quando a gripe se espalhou, o povo soviético consumiu 500 toneladas de alho.
- O alho previne a doença de Alzheimer e a demência. O alho é rico em antioxidantes que ajudam a prevenir qualquer dano oxidativo no seu corpo. Estas propriedades antioxidantes podem ajudar a prevenir algumas doenças cognitivas, como a demência e a doença de Alzheimer. No entanto, tomar doses elevadas de suplementos de alho não significa que ficará imune a esta doença. As propriedades medicinais do alho só podem melhorar a saúde até um certo ponto.
- Melhorar o desempenho desportivo. Esta substância é um dos primeiros

potenciadores de desempenho disponíveis. O alho era utilizado na antiguidade para reduzir a fadiga e aumentar as horas de trabalho e a resistência dos trabalhadores. Era também dado aos atletas olímpicos gregos para melhorar o seu desempenho desportivo.

- Cura a constipação. De acordo com os investigadores, a possibilidade de apanhar uma constipação comum em pessoas que consomem alho diariamente é muito menor do que noutras pessoas. A investigação mostra que o consumo diário de alho contendo "Allicin" (a parte pura do alho que se diz ser o agente biológico ativo e importante do alho) reduz para metade o risco de constipações. O alho cru contém fitoquímicos que podem ajudar a matar bactérias e vírus patogénicos. Recentemente, uma investigação investigou o efeito do alho em 146 pessoas num período de três meses. Aqueles que usaram suplementos de alho tiveram 24 complicações de constipação e aqueles que não usaram tiveram 65 complicações. Além disso, as pessoas que utilizaram alho apresentaram sintomas de constipação um dia menos do que as outras. Noutro estudo, as pessoas que usaram alho tiveram menos sintomas e recuperaram mais rapidamente, possivelmente porque a população de células imunitárias do corpo aumentou como resultado da toma diária de 2,56 gramas de suplemento de alho. A maioria dos investigadores acredita que os compostos de enxofre no alho, como a alicina, são responsáveis pelos efeitos anti-resfriado. No entanto, existem outros elementos como as saponinas e os derivados de aminoácidos no alho que parecem desempenhar um papel na redução da virulência das constipações. No entanto, ainda não é claro como é que isso acontece.
- Reduz os níveis de colesterol. De acordo com os resultados de mais de 12 estudos publicados, as diferentes formas de alho (cru, cozinhado, frito) reduzem significativamente os níveis de colesterol. Por conseguinte, pode

concluir-se que o alho é um bom tratamento para a tensão arterial elevada e doenças cardíacas. Durante a sua investigação, os investigadores anunciaram que o alho é um fator importante para a redução das gorduras e os suplementos de alho também desempenham um papel importante no tratamento do colesterol elevado. Assim, reduzem a quantidade de colesterol total em 12% em 4 semanas.

- Aumenta a resistência do corpo. Durante investigações pormenorizadas, o alho é uma boa fonte de energia que reforça a força física e aumenta a resistência do corpo. Se comer uma pequena quantidade de alho diariamente, verá um aumento da sua resistência e força física a longo prazo.

Figura 16. Processo de extração do alho

- Tratamento do fígado gordo com alho. O alho, com propriedades depurativas, acelera a atividade das enzimas depurativas do fígado. O alho, com compostos naturais de alicina e selénio, reduz a quantidade de colesterol e triglicéridos no sangue. As pessoas com problemas de fígado gordo devem incluir o alho e os seus ingredientes na sua dieta. Consumir dois a três dentes de alho frescos

alho por dia acelera o tratamento do fígado gordo.

- Tratamento de problemas de pele. O alho é anti-acne. Usá-lo cru ou diretamente sobre a pele pode eliminar as borbulhas e prevenir o aparecimento de novas borbulhas. O alho é rico em antioxidantes e consumi-lo por via oral ou como uma máscara na pele pode prevenir o envelhecimento da pele e ajudar a rejuvenescer a sua pele. O consumo de alho cru também pode ajudar no processo de reparação e regeneração da pele. Se tiver cicatrizes ou manchas na sua pele, pode utilizar as propriedades do alho cru. Para além disso, pode também utilizá-lo como máscara para a pele. Finalmente, o alho também pode ser um hidratante para a pele. Claro que, para beneficiar desta propriedade, tem de colocar o alho na pele. Entre as propriedades do azeite de oliva para a pele, podemos mencionar a mesma coisa.

Natureza do alho cru na medicina tradicional islâmica iraniana

O temperamento do alho na medicina tradicional antiga é quente e seco. Existem quatro graus de calor nas plantas medicinais, o quarto grau dos quais está próximo da toxicidade. O alho tem o terceiro grau em termos de calor. Por conseguinte, tem um calor muito elevado. O alho fresco tem mais propriedades do que o alho seco devido ao seu maior teor de humidade. De acordo com as tradições, o alho cura 70 doenças e o seu benefício mais importante é o tratamento de constipações e inflamações do corpo.

Utilizações do alho na medicina tradicional

- ❖ Elimina os malefícios das diferentes águas e do ar, da peste e da infeção. (Especialmente se for consumido com vinagre);
- ❖ O seu consumo contínuo provoca a queda de cabelos brancos e o crescimento de cabelos pretos;
- ❖ Diminui a tensão arterial e é um anticoagulante;
- ❖ É útil na maioria das doenças articulares e cerebrais causadas pelo frio. (Incluindo sentidos turvos, esquecimento, atraso mental, ciática);
- ❖ Recomenda-se que os jovens e as pessoas de temperamento quente o tomem com alimentos ácidos para não ficarem com sede;
- ❖ O seu consumo cru é muito útil para as pessoas que sofreram um acidente vascular cerebral;

- ❖ Estimula as faculdades sexuais e aumenta o sémen nas pessoas de temperamento frio. (Em tempo quente, reduz o esperma);
- ❖ Comê-lo com vinagre é útil para enemas da garganta e da voz, tosse e falta de ar, paralisia, dores nas articulações, ciática, gota, esquecimento;
- ❖ É um antibiótico forte e tem propriedades anti-fúngicas e anti-virais;
- ❖ Reforça o sistema imunitário do organismo. O consumo de alho aumenta a imunidade do organismo contra as doenças;
- ❖ Queimar o alho, misturá-lo com mel e fazer uma cataplasma com ele;
- ❖ Uma das suas propriedades na medicina tradicional é o facto de provocar a transpiração;

- Anti-inflamatório, redução e tratamento das dores articulares: O alho dissolve os depósitos de sangue, por esta razão, o consumo de alho é recomendado para quem tem dores nas articulações ou reumatismo;
- O consumo de alho ajuda a prevenir o esquecimento;
- É anti-Alzheimer;
- É anti-derrame;
- Diminui a tensão arterial;
- É eficaz no tratamento da diabetes;
- É utilizada no tratamento de feridas e do herpes;
- Dilui o sangue;
- O tratamento é a falta de ar e a tosse;
- O consumo de alho é uma regra para as mulheres;
- É conhecida como uma planta diurética;
- O alho é um carminativo e antissético;
- O alho é um anti-helmíntico;
- O alho estimula e fortalece o organismo;
- O alho é um remédio para gripes e constipações;
- O alho tem um bom efeito no tratamento da tuberculose;
- A ingestão constante de alho elimina as náuseas e os tremores;
- O alho porque é quente e seco. Por isso, elimina a humidade do estômago e cura as dores nas articulações;
- O alho cura as dores articulares, a ciática e a gota;
- O alho é muito útil para fortalecer o poder sexual e aumentar a produção de esperma em pessoas de temperamento frio;
- Aqueles que urinam gota a gota devem comer alho para curar a sua doença;
- O alho elimina as úlceras pulmonares e as dores de estômago;

- O alho quebra e elimina os cálculos renais;
- Cozinhar alho com cominhos, é útil para fortalecer os dentes;
- Esfregar alho cozido nos dentes alivia a dor de dentes;
- Devido às suas propriedades diuréticas, o alho é útil para eliminar a água dos tecidos;
- Utilizar cataplasma de alho para remover calosidades;
- A cataplasma de alho é muito eficaz para aliviar as dores reumáticas e nervosas;
- O alho é anticoagulante e coagulante do sangue;
- Tratamento da febre: Misturar um dente de alho esmagado com água e ferver num recipiente aberto durante 5 a 7 minutos. Beber a água obtida desta fervura lentamente e em intervalos de 1 minuto;
- O alho tem propriedades solventes. Isto é, dissolve os resíduos endurecidos no corpo e destrói a predominância de soda e catarro;
- Quando um inseto nos pica, podemos esfregar imediatamente a picada com alho para aliviar o ardor e a dor;
- Perda de peso e anti-apetite: Queimador de gorduras e sem calorias, o alho faz com que as pessoas se interessem mais em utilizar o alho para emagrecer o estômago e os flancos e ignorem o cheiro desagradável da boca.

Na medicina tradicional iraniana, o alho era utilizado como diurético, anti-flatulento, anti-inflamatório e a sua utilização era limitada no tratamento da falta de ar e da tosse crónica. Torna a pele do corpo bonita e as bochechas vermelhas e limpa os intestinos de infecções.

Especialmente nas crianças, e com esta propriedade, protege os seres humanos contra a febre tifoide e a difteria. Destrói os cálculos renais e os vermes finos no estômago das crianças. Cura a paralisia e os tremores e é útil contra a malária e a insónia. Para tratar calos e verrugas, é necessário amolecer o alho e aplicá-lo como uma pomada nos calos e verrugas. Repetir esta operação as vezes que quiser para se livrar de calos e verrugas.

O consumo de alho aumenta a secreção de ácido gástrico e aumenta os movimentos de defumação dos intestinos, o que melhora o funcionamento do sistema de defesa do organismo e reduz a possibilidade de cancro no corpo. O alho é conhecido como um dos alimentos que previnem o cancro por ser rico em vitamina C e selénio.

Atualmente, a ciência provou que o alho tem um efeito tremendo no fortalecimento do corpo e na prevenção de várias doenças, sendo considerado um medicamento completo e eficaz no fortalecimento do corpo, na prevenção do endurecimento das artérias e na redução da pressão arterial.

O alho revigora os músculos do coração e regula e endireita o fluxo sanguíneo nas veias, tendo também um efeito curativo no envelhecimento precoce, que é o resultado da corrupção do sangue, e também no reumatismo e nas hemorróidas.

Quem deve consumir alho?

O consumo de alho pode ser benéfico para estas pessoas:

- Pessoas de temperamento frio;
- Soda e catarro;
- Pessoas com pouca atividade diária e obesidade e excesso de peso;
- De meia-idade e idosos;
- Adolescentes;
- As pessoas que se sentem incomodadas com o tempo frio.

Quem não deve consumir alho?

Quem está proibido de comer alho? Por vezes, o alho verde provoca dificuldades respiratórias. O consumo de alho não maduro pode ter um efeito negativo numa pessoa. De seguida, discutiremos as proibições do consumo de alho. As alturas em que se deve evitar o consumo de alho ou, melhor dizendo, as pessoas com estas condições não são uma boa opção para comer alho:

1. **Pessoas que tomam anticoagulantes**

O alho é um anticoagulante natural que é o melhor remédio para a circulação sanguínea. Por esta razão, recomenda-se que se evite o consumo de alho porque provoca hemorragias graves.

Pessoas com palpitações cardíacas

Se tiver palpitações cardíacas depois de comer alho, é melhor ter cuidado com isso.

2. **Pessoas com alergias cutâneas**

O consumo de alho é prejudicial para os doentes com alergias cutâneas.

3. **Pessoas com tensão arterial baixa**

Se tem uma tensão arterial normal ou baixa, a melhor sugestão é evitar comer alho, porque o consumo de alho faz baixar a tensão arterial.

4. **Pessoas com problemas de fígado**

Tomar alho reduz o efeito dos medicamentos no organismo. A maioria dos medicamentos, especialmente os medicamentos para o fígado e as pílulas anticoncepcionais, têm o efeito oposto no corpo se forem tomados com alho.

5. **Pessoas com problemas digestivos**

O alho é pesado para o sistema digestivo. Por conseguinte, se tiver um sistema digestivo sensível, não consuma alho.

6. Durante a gravidez

O uso de alho durante a gravidez para tratamento não é recomendado de forma alguma e deve ser feito com o aconselhamento de um especialista.

Considerações sobre o consumo de alho

> Segundo as investigações, o consumo excessivo de alho provoca dores de cabeça e problemas de visão;

- Se não se respeitar a idade e a estação do ano ao consumir alho, especialmente se for consumido cru, é prejudicial para o sistema respiratório e para as hemorróidas;
- Os doentes que utilizam medicamentos anticoagulantes devem ter cuidado com o consumo de alho. Por conseguinte, as pessoas que são submetidas a cirurgia devem evitar comer alho sete a dez dias antes da cirurgia, porque o alho prolonga o tempo de hemorragia;
- O consumo excessivo de alho provoca tonturas, baixa a tensão arterial, alergias e, em casos raros, leva a hemorragias;
- O consumo de uma pomada de alho espessa pode causar irritação da pele e até queimaduras ligeiras;
- Recomenda-se o consumo diário de meio ou um dente de alho cru;
- O alho faz com que o sangue fique mais fino e, por esta razão, as pessoas que tomam anticoagulantes como a varfarina, o clopidogrel e a aspirina são aconselhadas a consumir menos alho ou a consultar o seu médico antes de o utilizar;
- O alho tem provocado alergias em algumas pessoas, cujos sintomas incluem intestino irritável, diarreia, feridas na boca e na garganta, náuseas e problemas respiratórios. A maioria das pessoas sensíveis ao alho também é alérgica a plantas como o alho francês, o feno-grego, a chalota, o gengibre e a banana, pelo que é preferível consultar um

especialista antes de consumir alho;

- O alho e os suplementos que contêm alho provocam a diluição do sangue, pelo que as mulheres grávidas, especialmente durante a gravidez e após o parto, e as pessoas que foram submetidas a intervenções cirúrgicas são aconselhadas a evitar o consumo de alho em grandes quantidades; porque podem sangrar;
- Há muitos relatos de queimaduras de alho, e recomenda-se que as crianças pequenas tenham cuidado ao consumir alho. Uma das formas tradicionais de diagnosticar a alergia ao alho é esfregar meio dente de alho na pele da mão. Se houver inchaço e vermelhidão, existe a possibilidade de alergia;
- As pessoas que sofrem de prisão de ventre não devem comer alho e, para eliminar os seus efeitos nocivos, o alho deve ser cozido com água e sal e deve ser-lhe adicionado um pouco de óleo de amêndoa ou manteiga para que não seja prejudicial;
- As pessoas que têm um estômago fraco e que, em geral, têm um

sistema digestivo fraco

não deve comer alho em excesso;

- As pessoas que têm um temperamento quente, se quiserem comer alho, de acordo com o conselho do sábio iraniano ibn Sina, devem cozinhar o alho ou usar alho em conserva;
- As pessoas com tensão arterial baixa não devem comer alho;
- As pessoas alérgicas não devem utilizar alho.

O alho deve ser consumido de acordo com a idade, o temperamento e a estação do ano. Embora o alho tenha muitas propriedades, deve ser consumido com moderação. Porque o consumo excessivo e a não observância da idade, estação do ano e temperamento no seu consumo provoca dores de cabeça, combustão do sangue, danos nos olhos, pulmões e poder sexual e é prejudicial para as hemorróidas.

A diferença entre alho fresco e alho seco

É melhor utilizar alho fresco do que alho seco e este tem mais propriedades. De acordo com a medicina iraniana, o grau de calor e secura do alho é muito elevado e algumas pessoas sentem palpitações cardíacas depois de o comerem. Isto apesar de a natureza do alho não se perder com a cozedura, pelo que estas pessoas devem ter cuidado ao consumir alho cozinhado. Para cozinhar o alho, cozinhe-o a vapor durante três minutos depois de o descascar. Se pendurar um maço de alho no armazém de cereais ou se o espalhar sobre ele, fará com que os ratos fujam.

Eliminar o odor pungente do alho

Um dos problemas do consumo de alho é o facto de o seu cheiro desagradável se espalhar pela respiração e causar desconforto a quem não comeu alho. Em muitas sociedades e religiões, comer alho e participar em reuniões não é considerado bom. Quando se come alho, especialmente quando se come cru, o cheiro permanece na boca. Lembre-se que estas substâncias antibióticas aumentam o sistema imunitário e apoiam o sistema de circulação sanguínea. Este cheiro geral do alho é o que protege o seu corpo contra muitas infecções.

Para reduzir o cheiro forte do alho, siga as recomendações abaixo

- Habitue-se ao seu cheiro, ou seja, encoraje todos os membros da família a comer alho para que todos sejam mais saudáveis;
- Coma alho cozinhado em vez de alho cru. Cozinhar o alho reduz o seu cheiro;
- Utilizar elixir bucal: Mastigar salsa, sementes de salsa ou sementes de cardamomo pode reduzir a intensidade do cheiro a alho;
- Coma legumes e alface porque a clorofila presente nestes vegetais repele o cheiro do alho;
- A melhor maneira é esmagar o alho e engoli-lo com um pouco de

xarope de mel.

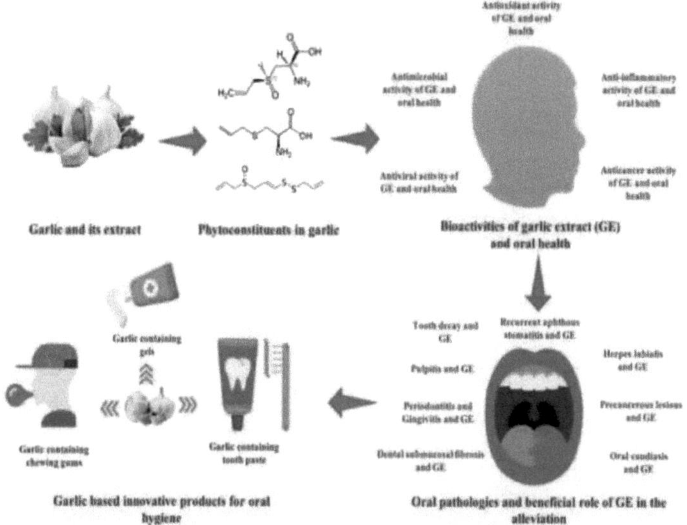

Figura 17. Vários componentes discutidos na presente análise

Benefícios do alho

De acordo com a natureza do alho para ajustar as suas propriedades temperamentais, o alho é normalmente consumido com os seus benefícios. Uma vez que a natureza do alho é muito quente, é melhor consumi-lo com moderação. Os benefícios do alho incluem:

- Pode ser consumido com vinagre, por exemplo, sob a forma de alho em conserva;
- Juntamente com sumo de romã;
- Água salgada ou óleo de amêndoas: Cozinhar o alho em água salgada ou com óleo de amêndoas modera o seu calor.

Os benefícios e os malefícios do alho negro

Uma das propriedades comprovadas do alho preto é o facto de o seu teor de antioxidantes ser muito mais elevado. É cerca de três vezes superior ao do alho branco comum. Possui antioxidantes como os flavonóides e os polifenóis. As suas propriedades anti-cancerígenas foram comprovadas em muitos estudos.

Estes dois compostos reforçam o sistema imunitário. É eficaz no tratamento das doenças cardiovasculares. Também é útil na prevenção da diabetes de tipo 2 e ajuda no seu tratamento. Porque reduz a resistência à insulina nos doentes diabéticos. É útil e utilizado no tratamento de infecções de origem microbiana, bacteriana, fúngica e viral. Previne a coagulação do sangue e ajuda a tratar a tensão arterial elevada. Também é eficaz no tratamento de artrite, dores nas articulações e ciática.

É recomendada para eliminar a soda, a fleuma e as doenças causadas pela constipação. Reduz a inflamação intestinal e é útil para o tratamento da síndrome do inchaço intestinal. É rico em nutrientes como as vitaminas (vitamina C, vitaminas do grupo b), ferro, fósforo, zinco e cálcio. Reduz a absorção de gorduras nocivas e aumenta as gorduras benéficas no sangue. Regula o metabolismo das gorduras no organismo. Como resultado, leva à redução do colesterol e dos triglicéridos no sangue.

A investigação laboratorial demonstrou que o alho preto fermentado combate a obesidade. Na maioria dos casos, utiliza-se o alho branco para preparar o alho preto. Naturalmente, o preço do alho negro não é muito elevado em comparação com as suas propriedades.

Como o alho preto é feito a partir do alho branco, o seu sabor é quente e seco. As pessoas com um temperamento quente devem ter cuidado ao utilizá-lo. Algumas pessoas têm palpitações cardíacas depois de consumirem alho cru. Como resultado destas pessoas, deve ter cuidado ao consumir alho cozinhado e alho preto. As mães grávidas não o devem consumir. As pessoas com sensibilidades cutâneas devem utilizá-lo com precaução.

O consumo excessivo provoca hemorróidas e é prejudicial para os pulmões e para os olhos. O seu consumo excessivo provoca inchaço e, consequentemente, dores de cabeça.

Ingredientes eficazes do alho

Há 149 kcal de energia em cada cem gramas de alho fresco e cru, e o alho contém hidratos de carbono, açúcar, fibra, gordura, proteínas, vitamina A, tiamina, riboflavina, niacina, ácido pantoténico, vitamina B6, folato, vitamina C, cálcio, ferro, magnésio, fósforo, potássio, sódio, zinco, manganês e selénio. O alho tem compostos de enxofre que conferem a esta planta propriedades anti-sépticas, de eliminação de germes e de escamas. O alho contém também substâncias chamadas alicina e alisatina, que destroem os micróbios do tifo e do paratifo.

Os ingredientes de cem gramas de alho cru são

- Água;
- Energia 6 calorias;
- 29 gramas de amido;
- Gordura 0,2 mg;
- Cálcio 30 mg;
- Fósforo 200 mg;
- Potássio 530 mg;
- Ferro 1,5 mg;
- Sódio 20 mg;
- Vitamina A 20 unidades;
- Vitamina B1 0,25 mg;
- Vitamina B2 0,8 mg;
- Vitamina C 15 mg.

Capítulo 6: Desenvolvimento de produtos inovadores à base de alho

Produção de suplementos e de medicamentos à base de plantas à base de alho

É uma planta herbácea com um caule de 20 a 40 cm de altura e até mais, considerada uma espécie de planta medicinal. O seu bolbo, que constitui a parte inchada e subterrânea da planta, é composto por 5 a 10 partes inchadas, envolvidas por membranas finas e delicadas, de cor branco-acinzentada. As suas folhas são estreitas e as flores são brancas, com pequenas manchas vermelhas. As caraterísticas das suas folhas são, em primeiro lugar, o facto de se encontrarem em posição de bainha e, em segundo lugar, o facto de as suas folhas largas serem longas e darem origem a uma longa bainha que cobre uma grande parte do caule e, além disso, as bainhas das suas folhas cobrem-se umas às outras. O conjunto de flores da planta também aparece com pequenas saliências no topo de longos caules de flores em pequeno número ou o aparecimento de inflorescências em forma de guarda-chuva, o que coloca estas propriedades desta planta na classificação de plantas medicinais. A bráctea inchada que conduz a uma cabeça estreita e comprida cobre igualmente o conjunto das flores, que é fino e membranoso. Existem várias anomalias nesta planta, uma das quais é o bolbo constituído por 3 cristas inchadas. A principal pátria do alho é considerada a Ásia e as regiões do Irão e do Afeganistão. Na antiguidade, o alho era plantado na China e no Japão. Na China, esta planta está no ranking das plantas medicinais e pertence ao reservatório medicinal. No antigo Egito, o alho, juntamente com outras plantas de cebola, era utilizado como alimento principal para os trabalhadores que estavam envolvidos na construção das pirâmides egípcias. Verificou-se que o alho é útil no tratamento da diarreia, bronquite e tuberculose torácica, e reduz a tensão arterial. Além disso, o alho fortaleceu o cabelo e muitos consideraram-no eficaz para fortalecer a memória e tratar o atraso mental. Naturalmente, é necessário mencionar que o consumo excessivo de alho é prejudicial e tem efeitos secundários graves. O papel do alho nos medicamentos à base de plantas da família das plantas medicinais, uma dieta adequada contendo antioxidantes naturais desempenha um papel importante na manutenção da saúde, reprodução, desempenho, imunidade e crescimento das aves de capoeira. Este conceito baseia-se no metabolismo dos animais, que reduz a peroxidação lipídica e os danos celulares. O sistema antioxidante é eficaz para lidar com os radicais livres num estado normal, mas em condições de stress, quando a produção de radicais livres aumenta, a eficiência deste sistema diminui e haverá a possibilidade de danos nas células e, consequentemente, nos órgãos. Alguns stresses causados às galinhas que suprimem o sistema antioxidante incluem coisas como a ventilação inadequada e o consequente aumento do stress oxidativo, a prevenção de plantas medicinais, como o uso de coccidiostáticos, que limita a absorção de antioxidantes na dieta.

Além disso, a presença de micotoxinas e toxinas T2 na alimentação, o enjaulamento e o pico de produção aumentam a peroxidação lipídica, danificam as células e os tecidos do corpo e, consequentemente, reduzem a produção. A temperatura ambiente elevada também aumenta os radicais livres nos fluidos e tecidos corporais. Esta acumulação provoca danos nas macromoléculas biológicas e perturba o metabolismo normal da célula. Ajustar a dieta com antioxidantes é a melhor forma de lidar com o stress oxidativo no aumento da temperatura ambiente.

Atualmente, o alho é conhecido como uma planta maravilhosa com a propriedade de aumentar a eficiência do sistema imunitário, anti-tumoral e antioxidante, sendo também utilizado no tratamento de doenças cardiovasculares como regulador da pressão arterial e anticoagulante, reduzindo o açúcar no sangue e o colesterol. Nas plantas medicinais, o alho tem também propriedades antibacterianas, virais, fúngicas e parasitárias. Diz-se que o alho fresco tem um efeito melhor, mas alguns artigos mostraram que o consumo de alho cozido, extrato em conserva ou óleo de alho tem melhores propriedades anti-radicais livres e agentes infecciosos do que o alho fresco.

Foi demonstrado que, nas plantas medicinais, o extrato de alho produzido por extração a longo prazo de alho em etanol aquoso não tem cheiro a queimado e tem sido utilizado com toda a certeza em experiências médicas. Os efeitos potenciais da imunidade, antioxidante, melhorando o fluxo sanguíneo periférico, aumentando a produção de células assassinas naturais e prevenindo a redução da função do sistema imunitário em pacientes com cancro avançado, activando o fator de transcrição e protegendo o ADN do efeito dos radicais livres pelo extrato de alho.

Em relação ao efeito do alho nas plantas medicinais sobre o rendimento, pode dizer-se que não só o alho não tem efeitos negativos sobre o rendimento, como este tipo de planta medicinal também melhorou o rendimento dos efectivos em muitos casos. Os efeitos do alho na alimentação dos frangos de carne sobre os parâmetros de produção, o estado de saúde e a qualidade da carcaça revelaram uma melhoria destes parâmetros; nas galinhas poedeiras, o alho conservado tem efeitos positivos no seu desempenho.

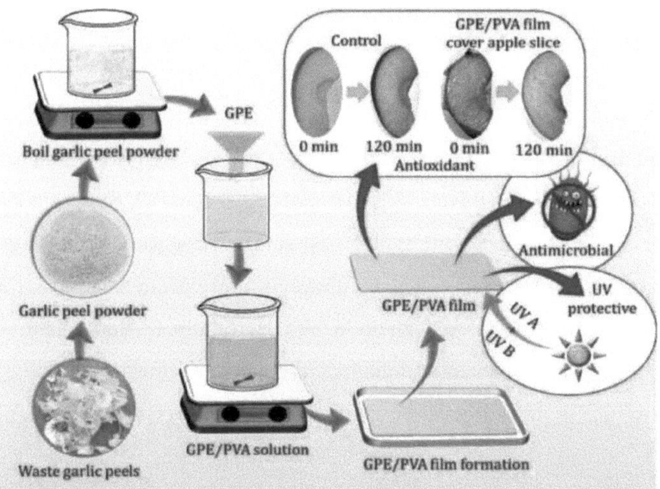

Figura 18. Desenvolvimento de produtos inovadores à base de alho

Os resultados do estudo mostraram que, em condições de exploração e tendo em conta o aspeto económico, a utilização de extrato de alho com uma concentração de 0,01% 2 dias por semana (T2=11,465) é a melhor opção. Em condições críticas, o uso de extrato de alho com uma concentração de 0,02% 6 dias por semana (T7=10,417), que é conhecida como uma planta medicinal eficaz, é a melhor escolha. Além disso, os estudos mostraram que o consumo de extrato de alho melhora o peso médio dos ovos e reduz a taxa de conversão das galinhas poedeiras em todos os grupos, em comparação com o grupo de controlo. O grupo 4 (T4), que recebeu extrato de alho com uma concentração de 0,01% 4 dias por semana (sábado, segunda, quarta e quinta-feira), teve um peso médio dos ovos e uma produção de massa mais elevados do que os outros grupos durante a experiência.

Efeitos farmacológicos e mecanismo de ação

Muitos dos efeitos farmacológicos da planta do alho estão relacionados com os compostos de alicina e outros compostos organosulfurados, como a S-alil-cisteína. Ao inibir a oxidação do LDL e ao aplicar efeitos antitrombóticos, o alho leva à inibição da aterosclerose e ajuda a prevenir a arteriosclerose. Ao inibir a enzima HMG CoA Reductase, os compostos de alho conduzem a uma diminuição dos níveis de colesterol no sangue. O composto S-alil-cisteína é também um forte inibidor da síntese hepática do colesterol. Os compostos do alho têm efeitos antioxidantes e previnem danos nas células endoteliais vasculares, reduzindo o stress oxidativo. Além disso, estes compostos têm efeitos antitrombóticos que actuam aumentando a atividade fibrinolítica, reduzindo a agregação e a adesão plaquetárias, aumentando o TP e inibindo as enzimas metabólicas plaquetárias responsáveis pela conversão do ácido araquidónico em prostaglandinas. Os compostos de Sirba activam a produção do fator vasodilatador derivado do endotélio (óxido nítrico), relaxam os músculos lisos e dilatam os vasos sanguíneos, tendo também efeitos de redução da pressão arterial.

Indicações

- Diminuição do nível de colesterol no sangue e redução do risco de aterosclerose;
- Baixa a tensão arterial;
- Reduzir o risco de doenças cardiovasculares.

Utilização proibida

Em caso de alergia a algum dos componentes da fórmula da planta Siroia, não a utilize. Não utilizar este produto se sofrer de doenças hemorrágicas.

Efeitos secundários

Dores de cabeça e tonturas, dores musculares e fadiga, inchaço, azia, náuseas e vómitos são possíveis efeitos secundários do consumo de produtos que contêm alho. Outras complicações incluem reacções alérgicas como a dermatite de contacto, asma, complicações sanguíneas como a redução da viscosidade do plasma.

Advertências e precauções necessárias

Utilizar com precaução em caso de alergia e de irritação do sistema digestivo. Devido aos efeitos mais anticoagulantes do alho e à possibilidade de aumentar o risco de hemorragia após a cirurgia, o produto deve ser interrompido pelo menos 10 dias antes da cirurgia. Informe o seu médico sobre todos os medicamentos prescritos ou de venda livre que esteja a tomar. Se este produto for utilizado simultaneamente com outros anticoagulantes e anticoagulantes, como a aspirina e a varfarina, deve ser utilizado com precaução e deve ser consultado com um médico antes da utilização. Em caso de utilização simultânea com outros produtos à base de plantas e suplementos medicinais com efeitos anticoagulantes, tais como vitamina E, ómega, óleo de peixe, deve ser utilizado com precaução e deve ser consultado com um médico ou farmacêutico antes da utilização.

Evitar a utilização simultânea com ciclosporina, isoniazida, NNRTI, tais como nevirapina e efavirenz, inibidores da protease, tais como nelfinavir e ritonavir. Deve ser utilizado com precaução em caso de utilização concomitante com AINEs, como a indometacina, e medicamentos substratos das enzimas CYP3A4 e CYP2E1. Em caso de utilização simultânea com contraceptivos, deve ser utilizado com precaução e deve ser utilizado outro método contracetivo ao mesmo tempo. Evitar o consumo de quantidades excessivas deste produto. Este produto não é recomendado para crianças.

Utilização durante a gravidez e o aleitamento

Não é permitido utilizar este produto durante a gravidez e a amamentação. Interromper a utilização deste produto pelo menos 10 dias antes da amamentação.

Quantidade de medicamentos

Para adultos, 1-2 comprimidos por dia, de preferência com alimentos.

Tipo de embalagem

Comprimidos revestidos de alho Shari: 3 blisters de 10 numa caixa (30) com um folheto informativo.

Condições de armazenamento

Deve ser conservado a uma temperatura inferior a 30 graus Celsius, ao abrigo da luz e da humidade e em recipientes fechados.

A utilização do alho na formulação de produtos para o cuidado da pele e do cabelo

O alho é um dos ingredientes naturais e à base de plantas que é muito útil para o cabelo e tem muitas propriedades curativas e fortalecedoras. Entre os benefícios do alho e do champô de alho Athena para o cabelo, podem ser mencionados os seguintes

Reforço das raízes do cabelo: O alho contém vários nutrientes e vitaminas que ajudam a fortalecer as raízes do cabelo e a prevenir a queda de cabelo e a fortalecê-las.

Anti-fúngico e anti-bacteriano: O alho tem propriedades anti-fúngicas e anti-bacterianas que limpam o cabelo e previnem várias infecções no couro cabeludo.

Reforço da estrutura do cabelo: A utilização de alho reforça a estrutura do cabelo, aumenta o seu volume e suavidade, e aumenta a suavidade e o brilho do cabelo.

Prevenção da caspa: As propriedades antifúngicas do alho reduzem a produção de caspa e previnem a comichão e a inflamação do couro cabeludo.

Reforço da cor e da suavidade do cabelo: O alho reforça a cor natural do cabelo e previne a sua deterioração.
O alho é uma das substâncias que tem sido utilizada desde a antiguidade para tratar a queda de cabelo. De facto, no passado, o alho era utilizado para tratar problemas de pele e de cabelo. Reaviva os folículos e elimina as toxinas do corpo. Também ajuda a melhorar a circulação sanguínea na cabeça. Melhora a textura do cabelo e controla a queda de cabelo, reforçando as raízes do cabelo. Além disso, o alho fornece os nutrientes necessários para o couro cabeludo e os folículos capilares e acaba com a desnutrição do couro cabeludo e das raízes do cabelo.
Uma das razões para a queda de cabelo são as infecções por fungos e leveduras no couro cabeludo. O alho contém substâncias antibacterianas e mata os germes e até os parasitas no couro cabeludo em grande medida. Limpa as toxinas e as impurezas da cabeça e elimina eventuais comichões. Para além de fortalecer as raízes do cabelo, o alho também torna os seus caules fortes e flexíveis. O mau cheiro do alho deve-se à presença de enxofre no mesmo. O enxofre é o principal elemento do cabelo e o principal fator estrutural de muitos aminoácidos, como a queratina. Para além da queratina e do enxofre, o alho contém outros nutrientes que promovem o crescimento do cabelo, como a vitamina C e o selénio. O selénio no alho fornece vitamina E para o cabelo.

Produção de óleo de alho natural

O óleo de alho natural é muito útil para manter a saúde do cabelo ou para tratar a queda de cabelo. Naturalmente, este óleo não é extraído do próprio alho, mas é combinado com outros óleos. A razão para esta combinação é neutralizar o seu cheiro pungente. Para o fazer, pique ou rale o alho e misture-o com um óleo de base, como o óleo de amêndoas doces ou o azeite. Deite num copo fechado e coloque-o num ambiente escuro e fresco durante uma a duas semanas. Pode utilizar este óleo como base para uma máscara de alho para fortalecer o seu cabelo.

Propriedades do alho e da cebola para o cabelo

Amaciador de cabelo: Misture uma chávena de sumo de alho e uma chávena de sumo de cebola. Pode adicionar um pouco de mel a esta mistura e deitá-la no frasco de amaciador de cabelo. O mel preserva a humidade natural do cabelo e evita a secura causada pelo consumo de alho e cebola.

Reforço capilar: Para fazer esta máscara, coloque numa tigela 1 cebola picada com 4 dentes de alho cortados ao meio. Adicione um copo de água e deixe ferver um pouco. Quando a água se evaporar, misture a cebola e o alho com 1 colher de sopa de óleo de rícino e 2 colheres de sopa de azeite. Para aumentar a eficácia e fortalecer o cabelo com uma máscara de alho, aplique esta mistura na cabeça antes de ir para a cama.

Figura 19. Alho fresco, alho em frasco, alho em pó e sal

Propriedades do alho e do azeite para o cabelo

Fortalecimento do cabelo: Misture alguns dentes de alho com azeite e óleo de alho e deixe-os num recipiente fechado no frigorífico durante 10 dias. Deixar esta mistura no cabelo durante duas horas e depois lavá-lo com água morna e o melhor champô para a queda de cabelo. Para fortalecer o cabelo, utilize a máscara de alho e azeite da seguinte forma: Todos os dias na primeira semana, dia sim, dia não na segunda e terceira semanas, apenas uma vez por semana na quarta semana, uma vez por mês a partir do mês seguinte.

Aumenta a velocidade de crescimento do cabelo: Corte um dente de alho ao meio e massaje-o no couro cabeludo. Com a pressão da mão, ajude o sumo de alho a ser transferido para o couro cabeludo. Também pode fazer isto com azeite ou óleo de rícino. A massagem do couro cabeludo com alho ajuda a reparar os poros capilares e acelera o crescimento do cabelo.

Máscara de alho e mel: Lave o cabelo até o couro cabeludo estar completamente limpo. Pique ou rale o alho e misture-o com mel. 20 minutos depois de lavar a cabeça, massajar esta mistura no couro cabeludo. Lavar a cabeça após alguns minutos.

Máscara de alho e óleo de coco: Para fortalecer o cabelo com a máscara de alho e óleo de coco, aqueça 3 a 4 colheres de óleo de coco. Rale ou esmague 5 a 6 dentes de alho e adicione-os. Massajar a cabeça com esta máscara durante cerca de 30 minutos. Em seguida, lavar com o melhor champô para a queda de cabelo. Esta fórmula também é muito útil para tratar a caspa. Nos últimos anos, para prevenir ou tratar várias doenças, bem como para cuidar da saúde da pele, do cabelo e do corpo, o interesse por produtos naturais, incluindo várias plantas em vez de materiais sintéticos convencionais, aumentou rapidamente e foram desenvolvidos métodos para maximizar, juntamente com a identificação dos componentes, a sua utilidade.

Os champôs constituem o maior grupo nos sectores dos cuidados capilares e da higiene pessoal. Os compostos da formulação farmacêutica, pseudofarmacêutica ou cosmética da presente invenção devem ser aplicados diretamente na superfície tópica do couro cabeludo e do cabelo para aumentar o efeito de melhoria do couro cabeludo e do cabelo. A composição do champô da presente invenção pode ser utilizada combinando o extrato concentrado de alho preto e a combinação de várias funções terapêuticas.

Os compostos são extraídos de plantas, entre as quais podemos mencionar o alecrim e a cafeína. Entre os benefícios da cafeína para o cabelo, podemos mencionar o fornecimento da energia necessária aos folículos pilosos, a prevenção da queda de cabelo, a estimulação do crescimento das raízes do cabelo, o aumento do volume e da espessura do cabelo. O ácido carnósico presente na planta do alecrim cura os tecidos e os nervos danificados. O rejuvenescimento dos nervos do couro cabeludo ajuda a regenerar o cabelo perdido. O seu extrato lento, que contém muitos minerais e vitaminas neste óleo, pode nutrir o folículo piloso e ajudar a aumentar o crescimento do cabelo.

Um dos objectivos da presente invenção é fornecer um processo e preparar um produto que contenha extrato de alho preto enriquecido com compostos funcionais, tais como antioxidantes e outros produtos úteis. A presente invenção fornece um processo para a produção de um champô para tratamento do cabelo ou do couro cabeludo à base de alho preto fermentado. Este processo de produção de champô à base de alho preto oferece a possibilidade de produzir diferentes champôs à base de alho preto.

A inovação atual do extrato de alho negro na formulação de champôs de reforço terapêutico é combinada com extractos de plantas medicinais e compostos medicinais eficazes e, em algumas formulações, é uma combinação da ciência moderna com a medicina tradicional iraniana.

Capítulo 7: Efeito da transformação e do armazenamento nas propriedades medicinais do alho

Como conservar o alho fresco

O alho é considerado uma erva, mas na realidade é um bolbo de sabor forte que está intimamente relacionado com as cebolas. O alho é utilizado de várias formas na culinária e, por vezes, para fins medicinais. Pode encontrar bolbos de alho frescos na sua mercearia local ou no seu jardim. Se armazenar corretamente o alho, pode conservá-lo durante um período de tempo mais longo e a sua duração será maior. O guia seguinte ajudá-lo-á a saber como conservar o seu alho fresco.

Método 1: Como conservar o alho fresco

- **Comprar ou colher alho fresco e firme.** Isto é importante, pois quanto mais fresco for o alho, mais tempo durará. A cebola do alho deve ter uma pele dura e sem papel e sem rebentos. Bolbos moles indicam alho demasiado maduro que não pode ser armazenado durante muito tempo. Evite os dentes de alho picados e magoados ou os armazenados na secção refrigerada da mercearia.
- **Secagem da cabeça de alho antes da armazenagem.** A secagem do alho interno antes da armazenagem torna o sabor do alho mais concentrado. Este alho seco tem um prazo de validade mais longo do que o alho fresco. Lave os dentes de alho recentemente colhidos e deixe-os secar num local escuro, seco e sem humidade durante cerca de uma semana.
- **Conservar o alho à temperatura ambiente.** É um erro que muitas pessoas pensem que o alho só deve ser guardado no frigorífico, mas para manter o alho no seu melhor, uma temperatura ambiente fresca de cerca de 16°C (60°F) funciona. Refrigerar o alho é uma má ideia

porque estraga os dentes de alho. Os dentes de alho criam humidade no frigorífico e podem causar bolor na cebola. Se tiver dentes de alho acabados de colher e ligeiramente secos, pode guardá-los no frigorífico durante um curto período de tempo num recipiente hermético , mas utilize-os logo que possível. O congelamento não é recomendado, pois altera a consistência, a textura e o sabor do alho.

- **Conservar o alho num local com boa circulação de ar.** Manter os bolbos de alho num local bem ventilado permite que o alho "respire" e aumenta o seu prazo de validade. Os bolbos de alho podem ser guardados num cesto de rede ou de arame, numa tigela pequena com orifícios de ventilação ou até num saco de papel. Não guarde os bolbos de alho fresco em sacos de plástico ou recipientes fechados. Isso pode fazer com que o alho mofe e brote.
- **Guarde os bolbos de alho frescos num local escuro e seco.** Um armário de cozinha ou um canto à sombra do balcão da cozinha são perfeitos para o efeito. Mantenha o alho afastado da luz solar e da humidade para evitar que brote.
- **Assim que a cabeça de alho estiver partida e magoada, utilize-a rapidamente.** O prazo de validade do alho é significativamente reduzido depois de ter sido ferido e partido. Se o alho começar a amolecer ou os botões no centro ficarem verdes, é altura de deitar fora o alho. Os bolbos de alho não partidos podem ser guardados até 8 semanas se forem corretamente armazenados. Os bolbos de alho com rebentos verdes duram de 3 a 10 dias. Mas deite fora os rebentos quando os consumir.
- **Note-se que o local de armazenamento do "alho fresco sazonal" é diferente do alho seco normal.** O alho fresco sazonal deve ser

armazenado diretamente no frigorífico quando é colhido. Estes alhos frescos sazonais são colhidos no início do verão e têm um aroma e um sabor agradáveis. Não precisam de ser secos e podem ser guardados no frigorífico até uma semana. O aroma e o sabor dos alhos da estação são superiores aos dos alhos normais e podem ser utilizados em vez de cebolas e alhos franceses nos cozinhados.

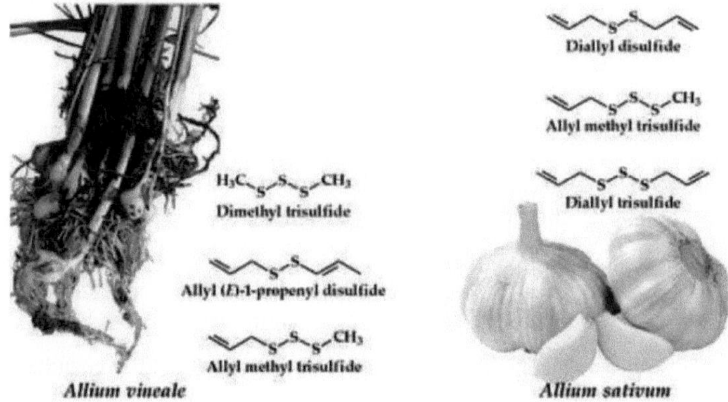

Figura 20. Composições químicas dos óleos voláteis de alho (Allium sativum) e alho selvagem (Allium vineale)

Método 2: Conservando e armazenando o alho

1- Congele o alho. Embora algumas pessoas se oponham ao congelamento do alho, pois diz-se que ele altera sua textura e sabor, o congelamento pode ser uma boa opção para pessoas que raramente usam alho ou para pessoas que comem um pouco de alho. Têm restos e não querem que o seu alho desapareça. Pode congelar o alho de duas formas: Pode embalar os dentes de alho inteiros e sem pele e embrulhá-los em película aderente ou folha de alumínio, ou embrulhá-los num saco de congelação e colocá-los no congelador. Em alternativa, pode descascar os dentes de alho, triturá-los ou picá-los finamente e colocar o alho num saco de congelação ou num recipiente de plástico com tampa e colocá-lo no congelador. Se o alho se colar bem quando congelado, pode ralar o alho congelado conforme necessário.

2- Conservar o alho em óleo. Tem havido controvérsia sobre o armazenamento de alho em óleo, uma vez que manter o óleo com alho à temperatura ambiente está associado ao crescimento da bactéria clostridium botulinum, que pode causar uma doença fatal chamada botulismo. No entanto, se o óleo de alho for armazenado no congelador, o risco de desenvolvimento desta bactéria é eliminado.

Para preservar a segurança do alho em azeite

Pode descascar dentes de alho individuais, lavá-los e deixá-los secar completamente. Em seguida, coloque os alhos num recipiente de vidro ou de plástico e cubra-os completamente com óleo. Depois, feche bem a tampa do frasco ou do recipiente e coloque-o rapidamente no frigorífico. Se necessário, retire o alho com uma colher limpa e seca. Outro método consiste em preparar o alho sob a forma de puré de alho. Deixe a água escorrer completamente e deixe o alho secar. Em seguida, coloque o alho com óleo num processador de alimentos ou num liquidificador. São necessárias cerca de 2 partes de óleo e 1 parte de alho. Pode adicionar óleo líquido ou azeite pouco a pouco. A pasta de alho não deve ficar seca.

Quando estiver completamente em puré e a sua concentração atingir o nível necessário. Adicione-lhe um pouco de sal. Isto ajudará o alho a durar mais tempo. Em seguida, coloque-o num recipiente limpo e seco ou num copo, feche-o bem e coloque-o no frigorífico. Este método aumenta a velocidade de trabalho dos cozinheiros e não é necessário descascar e ralar o alho durante a cozedura. O método acima descrito e o método de congelação são utilizados para preparar alimentos e cozinhar alho. Se quiser conservar o puré de alho durante muito tempo, coloque-o no congelador. O óleo que contém impede que o óleo e o puré congelem.

3- Conservar o alho em vinagre (sob a forma de alho em conserva) Descasque os dentes de alho, coloque-os em vinagre e guarde-os no frigorífico até quatro meses. Pode utilizar vinagre vermelho ou branco. Para conservar o alho pelo método dos pickles, primeiro descasque e lave os dentes de alho e deixe-os secar, depois encha o recipiente de vidro com ele. O alho deve ficar completamente mergulhado no vinagre. Se o descascar completamente e deitar vinagre branco e um pouco de sal, a cor do seu alho em conserva ficará branca, e se utilizar vinagre vermelho, deixe uma camada de pele no alho e depois deite-o num copo e cubra-o completamente. Acrescente vinagre vermelho e sal e o novo alho em conserva ficará castanho. Pode guardar os alhos em conserva no frigorífico durante muito tempo. Mas se vir sinais de bolor no alho, deve deitar fora o seu conteúdo. Quando utilizar alho em conserva, use uma colher limpa e seca. Nunca guarde o alho em conserva à temperatura ambiente, uma vez que este irá ganhar bolor muito rapidamente.

4- Secar o alho, secar o alho é uma das maneiras mais fáceis de conservar o alho. Quando se seca o alho, o seu volume será muito pequeno. Por isso, se tiver muitos alhos, sugiro que os seque. Quando fritar os alimentos, frite o alho em pó com eles, o que aumenta o aroma e o sabor dos alimentos e torna-os muito deliciosos.
Existem vários métodos de secagem do alho, tais como: Secagem de alhos ao sol, secagem de alhos no forno, secagem de alhos num secador, secagem de alhos no forno, secagem de alhos num fogão ou estufa. Utilizar alhos maiores e mais carnudos para secar o alho. Descasque e lave o alho e deixe-o secar. Depois, corte-os longitudinalmente em fatias finas. Disponha-as num

cesto com espaço. Desenhe um pano de renda sobre eles.

Em seguida, colocá-lo ao sol num ambiente aberto para que o ar passe entre eles. Vire o alho de cabeça para baixo até que ambos os lados sequem igualmente. Quando o alho estiver seco, pulverizá-lo e colocá-lo num recipiente e guardá-lo no armário. Secagem dos alhos no secador: descascar e lavar os alhos, depois de os secar, cortá-los longitudinalmente e colocá-los no secador, secá-los e, no final, triturá-los até ficarem em pó. Pode utilizar um forno em vez de um secador. Colocar papel vegetal no tabuleiro do forno, descascar os alhos como nos dois métodos anteriores e cortá-los longitudinalmente.

Colocar o alho em papel oleoso e levá-lo ao forno durante 2 horas a uma temperatura de 60 graus Celsius. Passadas as 2 horas, colocar a temperatura a 130 graus e deixar o alho secar completamente. Se o calor do seu forno for demasiado elevado, reduza-o para que as fatias de alho não mudem de cor. Certifique-se de que vira o alho várias vezes durante a cozedura e a secagem para que seque uniformemente. Depois, tal como nos métodos anteriores, pulverize-os e guarde-os num recipiente com porta.

5- Faça sal de alho. Você pode usar o alho seco para fazer sal de alho, que dá um sabor ótimo e sutil de alho aos alimentos ao cozinhar. Para preparar o sal de alho, basta misturar o alho seco em um processador de alimentos até que ele se torne um pó fino. Adicione quatro partes de sal marinho para cada parte de alho e misture bem durante um minuto ou dois para combinar. Não misture o sal marinho e o alho em pó durante mais de dois minutos, caso contrário, ficarão aglomerados. Guarde o sal de alho num recipiente de vidro com uma tampa apertada e mantenha-o num armário escuro e fresco.

Caraterísticas da armazenagem frigorífica do alho

Para a conceção e construção desta câmara frigorífica, é necessário ter em conta as condições adequadas para a sua manutenção e as normas pertinentes. Estas condições incluem a temperatura, a ventilação, a humidade, a luz, etc. Além disso, o custo de construção e de funcionamento de uma câmara frigorífica, o tipo de câmara frigorífica, o tipo de isolamento da câmara, a fundação, a capacidade da câmara frigorífica, o tipo de paletes, as prateleiras, o custo do equipamento mecânico principal, como o compressor, o condensador e o evaporador, são alguns dos aspectos importantes que devem ser considerados aquando da compra.

O processo de criação do armazém frigorífico de alho inclui três etapas principais

- Conceção da câmara frigorífica em função do espaço disponível;
- Fornecimento das peças necessárias para a criação de um entreposto frigorífico;
- Preparação final da casa mortuária.
- Em seguida, são mencionados os factores mais importantes para conservar o alho no frigorífico.

Temperatura ambiente fria do alho

A temperatura da câmara frigorífica do alho é considerada o seu critério mais importante, porque a temperatura de armazenamento é um dos principais factores de preservação das propriedades do alho e de prevenção da sua deterioração. Para o armazenamento do alho a longo prazo, é necessário secar o alho após a colheita e depois armazená-lo no frigorífico. A temperatura adequada para este frigorífico situa-se entre 0 e 1 grau Celsius. Esta temperatura reduz a atividade dos micróbios e dos fungos e atrasa consideravelmente a deterioração do alho.

Humidade na armazenagem a frio do alho

A humidade adequada na câmara frigorífica do alho pode ajudar a manter a frescura e a qualidade do produto. No entanto, o aumento ou a diminuição de demasiada humidade conduz a problemas como a deterioração ou a secagem do produto. Por conseguinte, a humidade relativa necessária para armazenar o alho é geralmente fixada entre 60-70% e esta gama de humidade ajuda a manter a frescura e a qualidade do alho. A fim de criar condições de humidade adequadas na câmara frigorífica, a humidade das mulheres pode ser utilizada em instalações mecânicas.

Ventilação da câmara frigorífica do alho

Outro fator importante neste tipo de armazenagem frigorífica é a ventilação e a circulação de ar adequadas. Uma circulação de ar adequada e apropriada na câmara frigorífica mantém a humidade e a temperatura uniformes e evita a dispersão da temperatura. Para criar a circulação de ar, são utilizados sistemas de ar condicionado, como tipos de ventilação e ventiladores de distribuição de ar, especialmente ventiladores axiais. Para além dos ventiladores mecânicos, a utilização de paletes e prateleiras adequadas para armazenar corretamente os produtos na câmara frigorífica pode contribuir para facilitar a circulação do ar e evitar a acumulação de gases produzidos pelo alho. Por conseguinte, é importante e necessário prestar atenção ao sistema de ventilação e circulação de ar da câmara frigorífica.

Dimensões da câmara frigorífica para alho

A determinação das dimensões do armazém frigorífico de alho depende de vários factores. Estes factores incluem os requisitos de armazenagem (como o volume do produto e a capacidade necessária), o espaço disponível para a armazenagem frigorífica, os requisitos relacionados com o acesso e a distribuição do produto e outros factores relacionados.

Benefícios de conservar o alho no frigorífico

Armazenar alho no frigorífico e criar condições óptimas para preservar este produto tem muitas vantagens que podem afetar a qualidade e a durabilidade do produto. Algumas dessas vantagens incluem:

- **Aumentar o prazo de validade do produto**

Ao manter o alho em condições óptimas de temperatura e humidade, o seu prazo de validade pode ser prolongado por vários meses. Esta questão permite que os produtores conservem os seus produtos durante um período mais longo e não sofram perdas devido à deterioração dos seus produtos.

- **Manter a qualidade e o sabor do produto**

A conservação do alho no frigorífico preserva a qualidade, o sabor e o valor nutricional deste produto. Deste modo, os consumidores podem obter um produto de melhor qualidade.

- **Melhor controlo do tempo de colheita e de comercialização**

Uma vez que é possível armazenar alho fresco e seco na câmara frigorífica, os agricultores e produtores podem controlar e melhorar o tempo de colheita e o fornecimento do produto.

- **Reduzir o desperdício**

A conservação do alho no frigorífico reduz a deterioração deste produto e ajuda os produtores a terem menos resíduos. Assim, evita-se também o seu desperdício.

- **Importação e exportação**

Uma vez que o alho é um dos produtos sensíveis à temperatura e à humidade, a criação de condições adequadas para a sua armazenagem a longo prazo permite preparar o alho para exportação e oferecê-lo aos mercados mundiais.

- **Conceção e construção de uma câmara frigorífica**

A conceção e a construção de uma câmara frigorífica para a armazenagem de alho requerem controlos cuidadosos e a utilização de dimensões adequadas da câmara frigorífica e de equipamento com uma capacidade adequada. Por conseguinte, a conceção e a construção desta câmara frigorífica podem ser consideradas dependentes dos seguintes factores importantes

- Dimensões da câmara frigorífica;
- Tipo de entreposto frigorífico em termos de fixo ou móvel (portátil);
- Materiais de construção e isolamento utilizados;
- Sistemas de refrigeração e de circulação de ar;
- Sistema de prateleiras.

Factores que afectam o preço do alho armazenado a frio

Entre os factores mais importantes que afectam o preço da câmara frigorífica, podemos mencionar a área geográfica de construção da câmara frigorífica, o tipo de materiais utilizados, a capacidade e a marca do equipamento utilizado, os custos de instalação do equipamento, o seu funcionamento e a sua manutenção. Por conseguinte, para determinar o preço da câmara frigorífica, é necessário consultar engenheiros e consultores neste domínio.

Saco de algodão

Uma das formas de armazenar alho é utilizar sacos de algodão. Os sacos de algodão têm a capacidade de deixar passar o ar. Pode colocar o alho em sacos de algodão e pendurá-los algures.

Conservar o alho num local escuro e frio

Pendurar o pé de alho num local escuro e frio evita que se estrague. Também faz com que o alho dure mais tempo.

Conservar o alho no congelador

Outra forma de conservar o alho é guardá-lo no congelador. Pode manter o alho fresco durante 6 a 12 meses se o congelar corretamente. Deve prestar atenção a este ponto e utilizá-lo imediatamente após retirar o alho do congelador, porque se o gelo derreter, o alho soltar-se-á e a sua textura mudará.

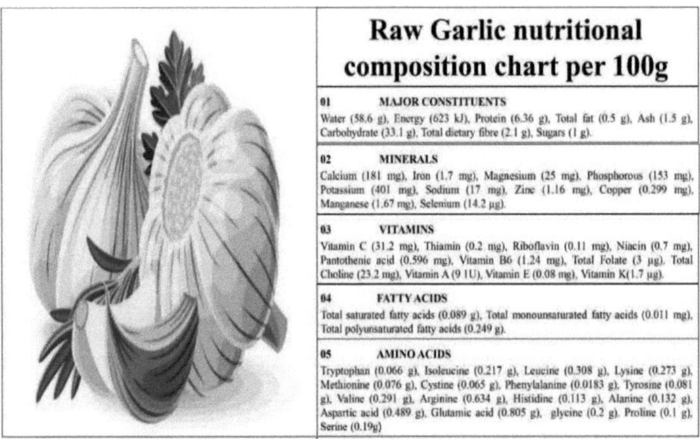

Figura 21. Composição nutricional do alho cru por 100 g.

Secagem do alho e fabrico de alho em pó

A secagem é outra forma de conservar o alho. Para secar os dentes de alho, comece por retirar a pele do alho, corte-os em pedaços e coloque-os num pano de algodão. Deixe o alho secar durante alguns dias. Depois, triture-os até ficarem em pó com um moinho.

Como congelar alho da forma correta?

Entre todos os métodos mencionados, a congelação do alho aumenta o seu tempo de armazenamento .

Para a congelação básica de alho, siga os seguintes passos para obter os

melhores resultados

- Descascar bem os alhos;
- Deitar os alhos descascados nos sacos de vácuo canalizados;

- Retirar o ar fechado com um dispositivo de vácuo utilizando um dispositivo de vácuo doméstico;
- Etiquete as embalagens com a data e coloque-as no congelador.

Saco de vácuo canalizado em polímero de Caria

A melhor forma de conservar o alho é num saco de vácuo canalizado. Estes sacos preservam o sabor, o cheiro e todos os benefícios do alho. Muitos métodos de conservação do alho fazem com que a maioria das propriedades do alho se perca e o sabor e o cheiro do alho não são preservados. Estes sacos têm caraterísticas que mencionamos aqui.

- Aumento do prazo de validade dos alimentos;
- Conservação, cor, cheiro e sabor;
- Prevenção de queimaduras causadas pelo congelamento;
- Vendido em diferentes tamanhos.

Capítulo 8: Segurança, toxicidade e efeitos secundários do consumo de alho

Investigação do nível de segurança e toxicidade dos ingredientes activos do alho Danos do alho

Como já foi dito, as propriedades do alho são muitas e são utilizadas para tratar algumas doenças, mas, no entanto, também existem desvantagens do alho. Assim, os malefícios do alho incluem:

- **Lesões hepáticas**

O fígado é um dos órgãos mais vitais do corpo humano que pode ser danificado pelo consumo excessivo de alho. Embora o alho seja rico em antioxidantes, se consumido em excesso, pode causar toxicidade hepática, embora quase não seja tóxico, mas se consumido em excesso, pode causar danos no fígado.

- **Mau hálito**

O mau hálito pode prejudicar a auto-confiança. O cheiro a alho e o odor corporal são dois dos efeitos secundários mais comuns associados ao alho. A falta de higiene pessoal não é a única causa do odor corporal, uma vez que o consumo de alho também pode provocar esse efeito. É claro que o cheiro a alho permanece na boca após a escovagem, o que é irritante para as pessoas à volta.

- **Náuseas, vómitos e azia**

O consumo de alho fresco, do seu extrato ou óleo com o estômago vazio pode provocar náuseas, vómitos e azia. Além disso, o consumo de alho pode provocar azia e náuseas ou mesmo reflexos gástricos.

- **Diarreia**

O consumo de alho com o estômago vazio pode provocar gases e diarreia.

- **Intensificação da hemorragia**

O consumo de alho não deve ser feito em conjunto com anticoagulantes, como a aspirina, a varfarina e o clopidogrel, porque aumenta o risco de hemorragias. Estes efeitos secundários aplicam-se sobretudo ao alho fresco.

- **Problemas relacionados com o estômago**

A utilização de alho provoca a vermelhidão da membrana mucosa; por conseguinte, deve ter-se cuidado antes de utilizar alho e produtos afins, pois podem ter efeitos adversos na saúde.

- **Grande descida da tensão arterial**

Um dos benefícios do alho é a redução da tensão arterial, mas se já estiver a tomar medicamentos para a tensão arterial, deve evitar comer alho. Porque o alho e os seus suplementos têm a propriedade de baixar a tensão arterial.

- **Eczema e ardor**

Embora o alho seja rico em propriedades, o contacto prolongado com o alho pode causar irritação da pele, uma vez que a enzima do alho, denominada allein liase, pode causar irritação.

- **Alterações da visão**

O consumo excessivo de alho pode levar a uma doença chamada hifema, que causa sangramento dentro da câmara ocular - o espaço entre a íris e a córnea - e esta doença pode causar perda permanente da visão.

- **Dor de cabeça**

O alho, especialmente quando consumido cru, pode despoletar enxaquecas. Embora não cause diretamente uma enxaqueca, é o processo que a ativa.

- **Aumentar a tensão arterial**

Há pouca informação neste domínio. A libertação de alicina é o que torna o alho ideal para baixar a tensão arterial, mas a alicina é destruída durante o processo de cozedura. Por conseguinte, se pretende baixar a tensão arterial, as propriedades do alho cru podem ajudar.

- **Mulheres grávidas**

O consumo de alho em grandes quantidades durante a gravidez pode causar um parto prematuro e pode alterar o sabor do leite em mulheres lactantes.

- **Tonturas.**

O alho não tem qualquer efeito no tratamento destas doenças.

Contrariamente à crença de muitas pessoas, o alho não é uma cura para todas as dores e não é possível receitar alho para todas as doenças e problemas, e como foi dito, por vezes é prejudicial para algumas pessoas. O alho é ineficaz para o tratamento de uma série de doenças, que incluem:

- **Diabetes**

O consumo de alho não parece ter qualquer efeito no tratamento do açúcar elevado no sangue.

- **Tratamento de Helicobacter**

Embora nos resultados laboratoriais, o consumo de alho tenha reduzido esta bactéria, na prática, tal não se verifica.

- **Colesterol elevado**

Foram efectuados muitos estudos sobre o efeito do alho na gordura no sangue, no colesterol no sangue e nos triglicéridos, mas os resultados neste caso são diferentes.

- **Complicações cutâneas.**

Algumas pessoas utilizam o óleo obtido do alho para tratar infecções fúngicas, verrugas e calos. Embora a investigação científica mostre que o alho pode tratar infecções fúngicas, como o pé de atleta, a eficácia do óleo de alho em verrugas e calos não foi comprovada. Erros comuns no consumo de alho incluem

- **Utilizar alho cozido**

O processo de cozedura destrói o ingrediente ativo do alho chamado "Allicin". A alicina é um tipo de composto contendo enxofre que é ativado quando o alho cru é mastigado, esmagado ou triturado, mas que se torna inativo quando exposto ao calor. É por esta razão que o processo de cozedura reduz as propriedades curativas do alho.

- **Como preservar ao máximo as propriedades do alho durante a cozedura**

Antes de cozinhar, esmague o alho e aguarde 10 minutos para que a produção de alicina aumente e este seja resistente ao calor durante a cozedura. É preferível cozinhá-lo durante um curto período de tempo (cerca de 15 minutos) em lume médio.

- **Consumo de alho sob a forma de comprimidos**

A maioria das pessoas utiliza pastilhas de alho em vez de alho cru para prevenir o mau hálito, mas este produto não é muito útil. Por isso, para ativar a combinação terapêutica do alho, é necessário consumir alho cru e esmagado. O alho em comprimidos, em pó ou seco não tem todas as propriedades medicinais do alho cru. Embora o alho seco conserve as suas propriedades antioxidantes e possa combater os radicais livres, as suas propriedades não são tão boas como as do alho cru. Embora o alho crie um cheiro desagradável na boca, mastigar alho é tão eficaz como tomar penicilina. Tente usar alho fresco em vez de suplementos.

- **Utilização de restos de alho**

Para usufruir das diferentes propriedades do alho, certifique-se de que utiliza alho fresco. O alho fresco tem um volume e uma forma específicos e não está enrugado.

Danos no fígado: Não há necessidade de pensar na importância do fígado, pois é um dos órgãos mais vitais do corpo humano e pode ser danificado pelo consumo excessivo de alho. Embora seja rico em antioxidantes, com o consumo excessivo, pode causar envenenamento do fígado, embora quase não seja tóxico, mas em caso de excesso, pode causar danos no fígado.

Mau hálito: O mau hálito pode prejudicar a auto-confiança de uma pessoa. De acordo com um relatório italiano, o odor a alho e o odor corporal são dois dos efeitos secundários mais comuns associados ao alho. A falta de higiene pessoal não é a única causa do odor corporal, uma vez que o consumo de alho também pode provocar este fenómeno. O cheiro do alho permanece na boca após a escovagem. Alguns especialistas acreditam que os nutrientes do alho são os que causam o mau hálito. No entanto, o mau hálito pode ser incómodo.

Náuseas, vómitos e azia: De acordo com um relatório publicado pelo National Cancer Institute, consumir alho fresco, o seu extrato ou óleo com o estômago vazio pode causar náuseas, vómitos e azia. Estudos demonstraram também que o consumo de alho pode causar azia e náuseas. Para além disso, o alho é um dos alimentos que pode levar à doença do refluxo gástrico.

Diarreia: O consumo de alho com o estômago vazio pode provocar gases e diarreia.

Aumento de sangramento: Um relatório publicado pelo Maryland Medical Center afirma que o alho pode aumentar o risco de hemorragia. É por isso que não deve ser tomado com anticoagulantes como a aspirina, a varfarina e o clopidogrel. Estes efeitos secundários são especialmente verdadeiros para o alho fresco. Também é importante saber que deve evitar o alho durante pelo menos duas semanas antes da cirurgia, uma vez que pode causar hemorragias e interferir com os níveis de tensão arterial.

Problemas de estômago: O uso de alho provoca vermelhidão da membrana mucosa. Os resultados mostram que se deve ter cuidado antes de utilizar o alho e produtos afins, pois podem ter efeitos adversos para a saúde. De facto, contrariamente à crença popular, não existem provas que associem o consumo de alho à prevenção do cancro do estômago.

Grande redução da tensão arterial: O alho é bom para a tensão arterial? Bem, de certa forma, isto é uma vantagem. Mas se já estiver a tomar medicamentos para baixar a tensão arterial, deve evitar comer alho. Porque o alho e os seus suplementos têm a propriedade de baixar a tensão arterial.

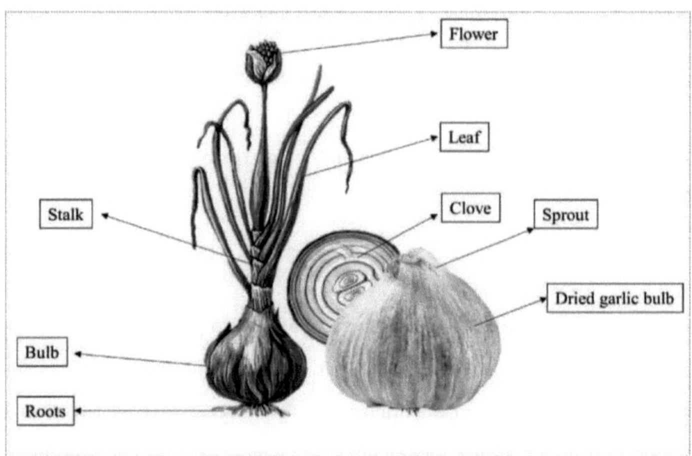

Figura 22. Potencial do Allium sativum no controlo da pressão arterial

Capítulo 9: Comercialização e marketing do produto de alho iraniano

A exportação de alho no grupo de exportação de frutos e produtos hortícolas frescos ou de frutos secos é considerada uma fonte de rendimento para a promoção da economia do país. O Irão cultiva diferentes variedades de alho em diferentes regiões. Tendo em conta a forma como o alho é plantado nas diferentes regiões, a época de colheita é definitivamente diferente.

A fim de exportar todos os tipos de alho para países estrangeiros, deve ser considerada uma série de factores e critérios. Embora a exportação de alho do Irão para países estrangeiros não tenha um crescimento significativo, é muito valiosa no seu lugar. O alho de qualidade tem potencial para ser exportado para mercados mundiais. Os países do Golfo Pérsico, como Omã, Emirados Árabes Unidos e Indonésia, na Ásia Oriental, são três dos mercados de procura para as exportações de alho do Irão. Uma vez que o alho exportado é utilizado noutros países para preparar uma variedade de alimentos com um sabor picante, as estatísticas e os resultados mostraram que a Indonésia tem a maior procura de alho exportado do Irão. Além disso, nesta rota, está localizado o país do Turquemenistão, que pode ser apresentado como um destino de exportação excecional para o alho iraniano de alta qualidade. As notícias sobre a exportação de alho examinam a situação das exportações de alho no mercado interno e nos mercados mundiais. O volume de exportação e importação de mercadorias é sempre analisado e verificado nas fontes de notícias. Se seguir estas notícias, ficará a conhecer quase todos os países mais importantes que importam alho iraniano de alta qualidade. Para além dos países acima referidos, o Azerbaijão, a Rússia e o Iraque são outros destinos de exportação que devem ser abordados. Um grande número de alhos produzidos no Irão é considerado para exportação. Em fontes noticiosas e sítios de análise de exportações e importações, os resultados mostram que cerca de 62% do alho produzido no Irão é cultivado na província de Hamedan, o que significa que o potencial de exportação desta província é muito significativo.

Análise das exportações de alho da China em 2021

As exportações de alho da China não puderam aumentar este ano devido a vários factores. Em comparação com o mesmo período do ano passado, a situação geral é que o volume diminuiu e o preço aumentou.

De acordo com os últimos dados aduaneiros, o volume das exportações de alho em outubro de 2021 mostrou uma rara reversão, mostrando um bom movimento em termos de aumento de volume e preço em relação a outubro do ano passado. O volume de exportação de alho fresco ou refrigerado em outubro foi de 177.800 toneladas, que foi de 154.100 toneladas no mesmo período do ano anterior, o que representou um aumento de 15,4% em relação ao mesmo período do ano anterior.

Em outubro de 2021, o volume de exportação de alho fresco ou refrigerado foi de 177.800 toneladas, e o volume de exportação no mesmo período em 2020 foi igual a 154.100 toneladas, o que aumentou 15,4% em comparação com o mesmo período do ano passado. Em outubro de 2021, o valor de exportação do alho fresco ou refrigerado doméstico foi de 1,202 mil milhões de yuan e o preço de exportação por tonelada foi de 6757 yuan/tonelada. Em setembro, o preço de exportação por tonelada foi de 6.561 yuan/tonelada, o que representou um aumento de 196 yuan/tonelada em comparação com o mês passado. No mesmo período de 2020, a quantidade exportada de alho fresco ou refrigerado foi de 896 milhões de yuan e o preço de exportação por tonelada foi de 5815 yuan/tonelada.

Em comparação com o mesmo período do ano anterior, a quantidade de exportações aumentou 34,08% e o preço de cada tonelada de exportações aumentou 12,8%. De janeiro a outubro de 2021, o volume de exportação de alho fresco ou refrigerado nacional foi de 1,4975 milhões de toneladas, e o volume de exportação no mesmo período em 2020 foi de 1,7273 milhões de toneladas, o que diminuiu 13,31% em comparação com o mesmo período do ano passado. De janeiro a setembro de 2021, o volume de exportação de alho doméstico fresco ou refrigerado foi de 9,2 mil milhões de yuan.

No mesmo período de 2020, o montante das exportações foi de 10,607 mil milhões de yuan. O montante das exportações diminuiu 7,04% em comparação com o mesmo período do ano passado.

Em outubro, o volume de exportação de alho seco (flocos de alho e alho em pó) foi de 21,67 milhões de toneladas, em comparação com 1887 toneladas no mesmo período do ano passado, um aumento de 14,79% em comparação com o mesmo período do ano passado. Em outubro de 2010, o volume de exportação de alho seco nacional (flocos de alho e alho em pó) foi de 21 700 toneladas. No mesmo período de 2020, o volume de exportação foi de 18 900 toneladas, o que representa um aumento de 14,79% em comparação com o mesmo período do ano anterior.

Em outubro de 2021, a quantidade de exportação de alho seco doméstico (fatias de alho e alho em pó) foi de 381140827 yuan e o preço de exportação por tonelada foi de 17588 yuan/tonelada. No mesmo período de 2020, o montante de exportação foi de 31.206.1906 yuan e o preço de exportação por tonelada foi de 16.530 yuan/tonelada. Em comparação com o mesmo período do ano anterior, o montante das exportações aumentou 22,14% e o preço de cada tonelada de exportações aumentou 6,4%. De janeiro a outubro de 2021, o volume de exportação de alho seco doméstico (flocos de alho e alho em pó) foi de 185.100 toneladas, e o volume de exportação no mesmo período em 2020 foi de 174.200 toneladas, o que aumentou 6,27% em comparação com o mesmo período do ano passado.

De janeiro a outubro de 2021, o valor de exportação de alho seco doméstico (fatias de alho e alho em pó) foi de 3,023 mil milhões de yuan. No mesmo período de 2020, o montante das exportações foi de 2,902 mil milhões de yuan. O montante das exportações aumentou 4,18% em comparação com o mesmo período do ano passado. Com base nos dados acima referidos, verificamos que, em outubro de 2021, o montante de exportação e o montante de exportação de alho fresco ou refrigerado doméstico, equivalente ao preço de exportação por tonelada, aumentaram ligeiramente e também aumentaram com um intervalo de aumento de cerca de 500 a 800.

No mesmo período, a quantidade de exportações e a quantidade de exportações de alho e alho em pó aumentaram em comparação com o mesmo período do ano passado, e o preço de cada tonelada de exportações também aumentou significativamente em outubro. Cerca de 1058 yuan por tonelada. Sabemos que o preço do alho nacional este ano é cerca de duas vezes superior ao do mesmo período do ano passado, mas o preço de exportação não seguiu a mesma tendência que o preço do alho nacional. As razões são muitas.

Por um lado, o ano passado registou uma grande quantidade de existências de alho, por outro lado, teve um grande impacto na atmosfera internacional. Juntamente com a valorização do RMB, foram acrescentados vários factores, que causaram grandes dificuldades aos comerciantes que exportam alho. Aumentar o preço significa perder o mercado. Se não aumentarem os preços, perderão dinheiro. O que é que devemos fazer? Em geral, só podemos apanhar o alho velho do ano passado, apanhá-lo e enviá-lo. Esta é uma oportunidade rara para o alho velho do ano passado e mesmo para algum alho velho armazenado durante dois anos.

A partir da atual situação de vendas das zonas de produção de alho, o comércio de alho velho também ocupa cerca de 20 a 30 por cento do mercado. Quando o mercado do alho frito está quente, muitas pessoas ignoram o impacto das existências de alho velho no preço do alho novo deste ano. Atualmente, parece que a descarga global de mercadorias no mercado de consumo interno é estável e o ambiente comercial no mercado do alho é

relativamente estável. Vários fundos começaram a transferir os objectivos e alguns deles foram transferidos para outros produtos agrícolas, como o gengibre, a batata, etc. Outra parte foi transferida para o mercado de futuros.
O quarto trimestre de cada ano é a época alta de venda do alho. Se houver capitais dispostos a entrar e a fazer subir o preço, a maior parte deles optará por volta de outubro de cada ano. Nesta altura, devido ao aumento da procura e ao volume das transacções, é fácil mudar de mãos e sair, o que é favorável à entrada e saída de fundos. Em outubro deste ano, embora o número de exportações de alho tenha aumentado em comparação com o ano passado, a vontade de aceitar capital e especulação foi fraca, principalmente porque o corpo principal do armazenamento de alho mudou muito este ano.
As grandes poupanças foram torturadas pela velhice durante dois anos. Quando a produção global não diminui significativamente, o risco de mobilizar capital para fazer mais é demasiado elevado. Ninguém está disposto a jogar com a fortuna da sua família amanhã. Ou abandonam o mercado para descansar ou cortam a mão no disco eletrónico que é a sua única escolha.
As quotas de mercado são baixas e, mesmo que a procura diminua, os preços aumentarão. As quotas de mercado são elevadas e, mesmo que a procura aumente, é difícil aumentar os preços. É este o destino da maioria dos produtos agrícolas.
Veja-se o mercado do gengibre deste ano. Será que a procura diminuiu demasiado? Quando um grande número de empresas de armazenamento entra no mercado para compra, os armazéns de armazenamento estão cheios e não lhes foi atribuído um preço de compra. Porquê? Ainda é demasiado, leva tempo. Além disso, basicamente não existe um limiar técnico para a plantação e produção destas culturas. Quem pode controlar que as pessoas não plantem gengibre e alho no próximo ano? Muitas pessoas sabem muito bem que a maioria dos depositantes não está disposta a vender alho nas suas

mãos, mas prefere morder os dentes e apoiar duramente. No final, ainda esperam que grandes capitais possam entrar no mercado para especulação. Se eles estiverem dispostos a aumentar o assento do sedan, o preço irá naturalmente subir. O Japão é o pioneiro e líder mundial na investigação do alho negro. De facto, o Japão está na vanguarda da investigação de superalimentos no mundo.

O título de alimentos super-benéficos foi aplicado pela primeira vez em 1980 no Japão a produtos que são ricos em compostos bioactivos e que têm muitos efeitos benéficos para a saúde. Os alimentos super benéficos podem ser alimentos naturais, ou podem ser alimentos aos quais foram adicionados compostos saudáveis e aos quais foram removidos os compostos nocivos. Entretanto, os alimentos em que um ou mais dos seus compostos foram modificados são também considerados benéficos, uma vez que têm muitos efeitos benéficos para a saúde, são de fácil acesso e têm preços baixos. As frutas e os legumes, os cereais, as leguminosas e os frutos secos são considerados alimentos benéficos devido à presença de moléculas químicas bioactivas das plantas, às propriedades antimicrobianas, à capacidade de capturar radicais livres e às propriedades terapêuticas. O alho pode ser mencionado entre as plantas tradicionais que têm muitas propriedades curativas e benéficas para a saúde e são consideradas alimentos super-benéficos.

De facto, os alimentos super-benéficos e nutritivos são considerados uma ponte entre a saúde e a dieta. Um dos principais elementos que influenciam o sucesso dos alimentos super-benéficos (no Japão, o termo "Fushu food" é utilizado para se referir aos alimentos super-benéficos que têm um efeito especial na saúde do corpo) no Japão, é a criação da Associação de Alimentos Saudáveis e Nutritivos e a atribuição de um papel e estatuto oficial e legítimo no processo de verificação dos alimentos benéficos neste país.

Atualmente, o Japão é o segundo maior mercado de alimentos e bebidas de conveniência do mundo. Em 2007, o valor deste mercado no Japão foi estimado em 16,4 mil milhões de dólares. O mercado dos superalimentos e bebidas inclui alimentos e bebidas que contêm ingredientes activos adicionais que proporcionam benefícios para a saúde e o bem-estar humanos. Os suplementos alimentares, suplementos dietéticos e alimentos modificados também estão incluídos neste grupo. O envelhecimento da população no Japão pode ser considerado, em grande medida, a razão da popularidade dos superalimentos neste país.

Os consumidores idosos procuram alimentos e bebidas que os previnam de contrair doenças, e os produtos super-benéficos oferecidos são também comercializados com a alegação de que previnem doenças relacionadas com a velhice.

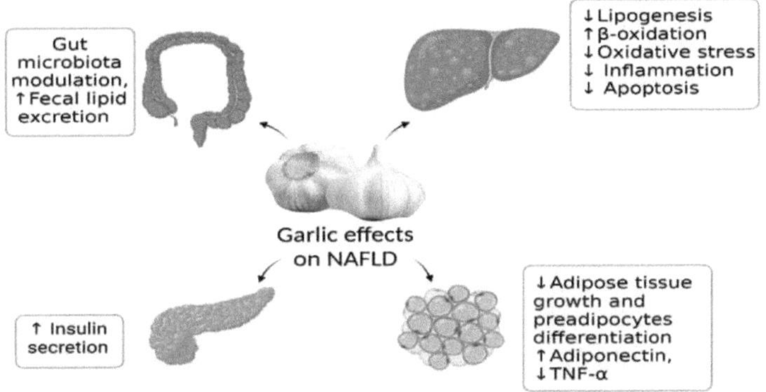

Figura 23. Efeitos do alho e dos seus principais componentes bioactivos na doença hepática gorda não alcoólica

Estudo do Professor Jinichi Sasaki

O Professor Jinichi Sasaki, professor e investigador da Faculdade de Medicina da Universidade de Hirosaki, no Japão, realizou uma investigação médica sobre o alho negro em 2006. De acordo com este relatório, o alho preto fermentado produzido na província de Mie provocou um aumento súbito do consumo de alho preto no Japão em 2005.

O texto que se segue é parte do conteúdo do artigo publicado pelo Professor Sasaki sobre esta investigação: Cerca de 6 milhões de células cancerígenas foram injectadas no corpo de 10 ratos. Desta forma, os ratos foram artificialmente infectados com cancro. Os ratinhos foram divididos em dois grupos de cinco (A) e (B). De dois em dois dias, o extrato de alho preto (3 mg) foi injetado três vezes por dia nos ratos do grupo (A). Os ratos do grupo (B) não foram tratados.

Cinco semanas depois

Grupo (A): As células cancerígenas de dois ratos deste grupo foram completamente destruídas, e o número de células cancerígenas no corpo dos outros três ratos também foi reduzido em 50%. Esta experiência mostrou-nos que o alho preto pode matar quase todas as células cancerígenas.
Grupo (B): Cinco ratinhos deste grupo sofriam de lentidão de movimentos e disfunção dos olhos e das vísceras e estavam à beira da morte. Os resultados das experiências mostraram que o número de células cancerígenas no corpo destes ratos era quase o dobro do número original. O Professor Sasaki repetiu a experiência mais uma vez. Desta vez, os ratinhos foram divididos em dois grupos (A) e (B).

Grupo (A): As células cancerígenas de três ratos deste grupo foram completamente destruídas e o número de células cancerígenas no corpo dos outros dois ratos foi reduzido em 50%.

Grupo (B): Cinco ratinhos deste grupo sofriam de lentidão de movimentos e de disfunção do estômago e das vísceras e estavam à beira da morte. Os resultados das experiências mostraram que o número de células cancerosas no corpo destes ratos é quase o dobro do número original.

De seguida, o Professor Sasaki repetiu a experiência mais uma vez. Claro que, desta vez, o alho normal foi substituído por alho preto. O resultado desta experiência mostrou que o consumo de alho normal não pode melhorar a condição dos ratos tanto quanto o consumo de alho preto.

Esta experiência provou que a eficácia do alho preto e do alho cru comum tem diferenças significativas. Estudo clínico da Universidade Politécnica de Nanyang O alho preto é um produto inodoro e o resultado da fermentação controlada do alho branco. As provas laboratoriais mostram que o alho negro e os seus compostos previnem os danos oxidativos, um fator que está associado a muitas doenças e problemas de envelhecimento do organismo. Com base nas provas disponíveis, os processos de fermentação e envelhecimento alteram os compostos orgânicos que contêm enxofre e os compostos polifenólicos do alho branco, aumentando assim o seu poder antioxidante.

Por conseguinte, o alho preto pode desempenhar um papel importante na redução do risco de doenças como as doenças cardiovasculares, o cancro, a doença de Alzheimer e os problemas causados pelo envelhecimento e, consequentemente, na redução da força de uma pessoa. No entanto, apesar do grande número de artigos e estudos disponíveis sobre os benefícios do alho branco na manutenção da saúde do corpo, os dados disponíveis sobre os efeitos do alho negro são insuficientes. Até à data, em estudos orientados para a intervenção, foi utilizado um número mais reduzido de participantes humanos para investigar os efeitos positivos do alho preto no tratamento e prevenção de doenças cardiovasculares e para comparar estes efeitos com os efeitos do alho branco.

Como resultado, o Centro de Alimentos Funcionais e Nutrição Humana da

Universidade Politécnica de Nanyang realizou recentemente um ensaio aleatório em dupla ocultação neste domínio. O objetivo deste estudo é identificar e comparar os efeitos anti-inflamatórios e antioxidantes dos suplementos de alho preto da marca "Black Gold" e dos suplementos de alho branco em participantes com pressão arterial e colesterol elevados.

Os resultados obtidos com este estudo mostram que o consumo de suplementos reduz a inflamação e o stress oxidativo. Estes dois factores estão entre os processos-chave na patogénese das doenças cardiovasculares. Os resultados indicam que os suplementos de alho negro têm um volume fenólico total mais elevado do que os suplementos de alho branco utilizados no estudo de intervenção.

Os efeitos anti-inflamatórios e antioxidantes do consumo de alho preto in vivo podem ser atribuídos às elevadas quantidades de compostos polifenólicos presentes no mesmo. Estes compostos fazem com que o alho preto da marca "Black Gold" tenha uma capacidade potencialmente elevada para manter a saúde cardiovascular e limitar os efeitos do envelhecimento.

Capítulo 10: Estudos futuros e desenvolvimento sustentável

O valor medicinal e económico do alho

Nas últimas décadas, as plantas medicinais tornaram-se um ponto fulcral na ciência médica porque produzem inúmeras substâncias naturais. Estas substâncias podem ter tanto efeitos farmacológicos benéficos como potenciais efeitos adversos. Entre estas plantas, o alho (Allium sativum) destaca-se pelo seu importante valor nutricional e propriedades terapêuticas. Os investigadores médicos realizaram estudos aprofundados no Irão e noutros países sobre os benefícios medicinais do alho.

Dado o conhecimento generalizado das propriedades medicinais do alho, não é de estranhar a continuação da investigação sobre os seus efeitos terapêuticos e o número crescente de estudos neste domínio. O aparecimento de vários ramos das ciências biológicas e a utilização do alho como ingrediente primário em suplementos medicinais e alimentares vieram reforçar ainda mais esta investigação.

Os investigadores estão particularmente concentrados na investigação dos potenciais efeitos do alho no tratamento de doenças que representam ameaças significativas atualmente, incluindo cancro, doenças cardiovasculares e infecções virais, bacterianas e fúngicas. Muitos destes estudos são encomendados por fabricantes de alimentos, empresas farmacêuticas e organizações nacionais de saúde, como o National Cancer Institute of America. Embora as descobertas científicas existentes não sejam conclusivas, os resultados da investigação sobre os efeitos protectores do alho contra o cancro e os factores de risco de doenças cardíacas são promissores.

Impacto económico das exportações de alho

A exportação de produtos agrícolas desempenha um papel crucial no

desenvolvimento económico de um país. O aumento das exportações pode gerar lucros e criar oportunidades de emprego. O alho, produzido em grandes quantidades no Irão, tem um potencial de exportação significativo. Por conseguinte, a exportação de alho poderia ser uma estratégia eficaz para aumentar o rendimento nacional e desenvolver a indústria do alho.
Para facilitar a exportação de alho a granel, são normalmente utilizados contentores de 20 pés com capacidade para mais de 20 toneladas. Estes contentores são ideais para o transporte de grandes quantidades de alho e são compatíveis com o transporte rodoviário, marítimo e aéreo. Podem ser utilizados vários métodos de transporte para exportar alho, incluindo navios, aviões e camiões. O envio de alho por via marítima é frequentemente a opção mais económica, permitindo aos exportadores transportar grandes volumes a um custo reduzido.

Ao aumentar as exportações de alho, o Irão pode reforçar a sua indústria do alho, criar emprego e impulsionar a economia nacional. Consequentemente, o aumento das exportações de alho representa uma solução viável para o desenvolvimento económico.

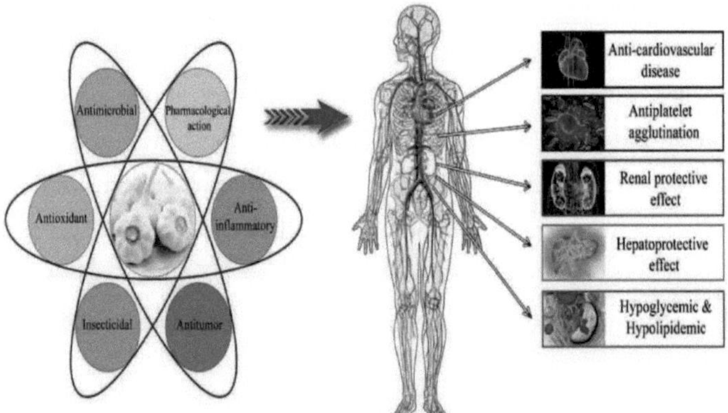

Figura 24. Bioatividade e efeitos na saúde do óleo essencial de alho

O crescimento das exportações de alho

Nas últimas décadas, as exportações de alho registaram um crescimento significativo no mercado mundial. Esta expansão pode ser atribuída a inovações no transporte, embalagem e comércio internacional. O alho é produzido em várias regiões, nomeadamente nos países europeus, na Austrália, na Rússia, no Canadá e nos Estados Unidos, sendo que os países europeus e a Austrália lideram atualmente em termos de qualidade e volume de produção.

O alho é exportado principalmente em contentores de 20 pés, pesando 20 toneladas ou mais, utilizando diversos métodos de transporte, como navios, aviões e reboques. Os principais destinos das exportações de alho incluem a China (34%), a Índia (12%), a Arábia Saudita (11%), a Turquia (7%) e os Emirados Árabes Unidos (6%). Entre estes, o transporte marítimo é o método mais comum devido à sua relação custo-eficácia e robustez face às alterações das condições meteorológicas e marítimas.

O transporte aéreo é utilizado para entregas urgentes, particularmente para bens perecíveis, enquanto os reboques são preferidos para a distribuição interna devido à sua eficiência em entregas rápidas.

Factores que contribuem para o crescimento das exportações de alho

Vários factores contribuíram para o aumento notável das exportações de alho. Estes factores incluem:

- Condições de produção favoráveis: Criação de condições adequadas para a cultura e exportação de alho.
- Avanços tecnológicos: Atualização do equipamento industrial e das tecnologias de embalagem.
- Investigação e desenvolvimento: Estudos económicos em curso que reforçam a indústria do alho.

- Apoio governamental: Assistência dos organismos governamentais aos fabricantes e exportadores.

Importância das exportações de alho nos mercados mundiais

O aumento das exportações de alho é crucial para satisfazer a procura global. A utilização de contentores de 20 pés facilita o processo de exportação, assegurando simultaneamente o armazenamento e o transporte eficientes do alho. A utilização de contentores minimiza o risco de danos e elimina a necessidade de reembalagem, mantendo o produto pronto para exportação. Além disso, os contentores ajudam a manter a temperatura ideal e a humidade , crucial para preservar a qualidade do alho.

O transporte marítimo de alho oferece a vantagem de transportar grandes quantidades de forma económica para países distantes, chegando assim a uma base de consumidores mais alargada. Embora o frete aéreo seja mais caro, é vantajoso para garantir a entrega atempada de produtos de alho que exijam um transporte rápido.

Aumentar as exportações através de produtos inovadores

As exportações desempenham um papel vital no desenvolvimento económico de qualquer país. O aumento das exportações contribui para uma balança comercial favorável, cria postos de trabalho, atrai divisas estrangeiras e melhora o valor da moeda nacional. Países como o Irão estão a tirar partido das licenças de inovação para exportar alho a granel utilizando produtos inovadores.

Estas ofertas inovadoras podem diferenciar os produtos de alho com atributos únicos, tecnologias avançadas e eficiência superior, permitindo aos exportadores satisfazer as diversas necessidades dos consumidores nos mercados globais. Esta abordagem estratégica não só abre novos mercados como também reforça a competitividade global.

As melhorias na produção de alho através de novas tecnologias podem baixar

os custos e reduzir o tempo de produção, criando uma posição mais competitiva nos mercados globais.
Em conclusão, o aumento das exportações de alho através da utilização de produtos inovadores pode contribuir significativamente para o desenvolvimento económico de um país. Este aumento constitui uma valiosa fonte de rendimento, promovendo a criação de emprego e a prosperidade das indústrias conexas. Além disso, o aumento das receitas em divisas e a melhoria da balança comercial contribuirão para reforçar a moeda nacional e melhorar as condições económicas gerais.

Exportações de alho: Prosperidade económica da produção aos mercados globais

As exportações da produção para os mercados mundiais desempenham um papel significativo na prosperidade económica das cidades e dos países. Os dentes de alho são exportados a granel, normalmente em contentores de 20 pés que pesam mais de 20 toneladas. Esta exportação pode ser efectuada por navio, avião ou reboque.

Países como o Irão são grandes exportadores de alho, impulsionados pela procura e pelo volume de produção. A produção de alho é vital para o sector agrícola e requer a otimização de vários factores, incluindo a nutrição adequada, o cultivo, a irrigação e a gestão de recursos. O aumento da produção de alho pode reforçar o crescimento económico nas zonas rurais, criar emprego e aumentar os rendimentos dos agricultores. A exportação de alho ajuda a satisfazer as necessidades internas, ao mesmo tempo que gera divisas para os países. O alho é essencial para a indústria alimentar, os restaurantes e os vendedores de produtos alimentares e tem um impacto significativo nas balanças comerciais, reduzindo simultaneamente a pressão sobre os mercados nacionais.

Procura de alho no mercado mundial

As exportações de alho são bem recebidas nos mercados globais, uma vez que ocupam um lugar importante nas dietas de muitos países. Os principais importadores de alho são a China, a Índia, o Brasil e a Rússia, enquanto nações europeias como a Alemanha, a França e os Países Baixos apresentam uma elevada procura de dentes de alho. A exportação de alho para mercados globais promove novas oportunidades de negócios e fortalece as relações bilaterais entre países.

Práticas de cultivo do alho

Técnicas de plantação

O método de cultivo do alho é fundamental. Geralmente, são recomendados dois métodos de plantação: a plantação direta e o método da cevada empilhada, sendo que este último produz normalmente melhores resultados. O alho deve ser plantado a uma profundidade de 2,5 a 5 cm, variando de acordo com a temperatura da área de cultivo - mais profundo para regiões mais frias. O espaçamento recomendado é de 7,5 a 15 cm entre os cravos e de 20 a 40 cm entre as linhas. Ao plantar, a ponta do cravo deve estar virada para cima.

Para uma parcela de 100 metros quadrados, são necessários aproximadamente 15 dentes de alho, o que equivale a cerca de 3 quilogramas por 10 metros quadrados. O aumento da densidade de plantação pode ser benéfico em solos férteis ou em campos danificados, permitindo um melhor controlo das ervas daninhas e uma maior penetração da luz solar. No entanto, uma plantação demasiado próxima pode reduzir o tamanho dos bolbos e o rendimento global.

Os agricultores reservam geralmente uma parte da sua colheita de alho para a época de plantação seguinte. É importante notar que os bolbos maiores não são necessariamente indicativos de uma melhor qualidade; os bolbos de tamanho médio são frequentemente preferidos.

O alho deve ser plantado desde a primeira geada até ao final de novembro. A plantação na primavera pode dar origem a bolbos mais pequenos e expor as plântulas a danos causados pelas geadas.

Necessidades de rega para o alho

O alho é sensível à seca e necessita de humidade adequada para crescer. O stress hídrico pode prejudicar o crescimento inicial e conduzir a bolbos mais pequenos na colheita. Deve ser dada a devida atenção à irrigação após a plantação, uma vez que tanto o excesso de água como o submergimento podem afetar negativamente a saúde da planta, conduzindo a problemas como o subdesenvolvimento dos bolbos, o aumento do risco de doenças e a podridão das raízes.

Em zonas geralmente chuvosas, a rega regular após a chuva pode não ser necessária. No entanto, em solos mais leves ou arenosos, é necessário regar com mais frequência devido à secagem mais rápida. Nos solos mais pesados, recomenda-se regar uma vez por semana durante o tempo frio e 2 a 4 vezes por semana durante o tempo quente. Aproximadamente 2 a 4 semanas antes da colheita, é aconselhável minimizar ou cessar completamente a rega.

No caso do alho em vaso, os vasos de exterior devem permanecer constantemente húmidos, enquanto os vasos de interior exigem uma monitorização cuidadosa com base na exposição à luz solar e na temperatura ambiente. O impacto económico do cultivo e da exportação de alho é substancial, facilitando a criação de emprego e reforçando as balanças comerciais. Ao utilizar as melhores práticas de plantação, irrigação e estratégias de mercado, os países podem aumentar a sua produção de alho e o seu potencial de exportação, contribuindo para um crescimento económico sustentável.

O solo é adequado para a cultura do alho

O melhor tipo de solo para a plantação e manutenção do alho é o solo franco-arenoso, seguido do solo argiloso. Em qualquer caso, o solo desejado deve ter uma boa drenagem e o seu PH deve situar-se entre 6,5 e 7. Assim, se o solo for muito pesado, adicione-lhe um pouco de areia ou plante o alho num vaso.

Colheita de alho

A colheita é a operação mais trabalhosa, e a decisão de colher é muito importante. As cebolas colhidas demasiado cedo serão pequenas e murchas durante a transformação e não se conservarão bem. O alho que é colhido demasiado tarde fica exposto ao bolor e perde a sua cobertura protetora. O tempo quente e seco do verão faz com que a cultura amadureça mais cedo, enquanto o tempo chuvoso atrasa a colheita. A colheita do alho é efectuada quando 50 a 75% das folhas ficam amarelas, as pontas das folhas começam a secar, mudam de cor, dobram-se e o crescimento das partes aéreas pára, o que quase se pode dizer que é o fim de julho.

Fertilização

Antes da plantação, é preferível utilizar adubos que contenham fósforo, potássio e enxofre. Ao plantar alho e depois, deve ter em conta que Os fertilizantes NPK, que contêm uma maior percentagem de azoto, são considerados a melhor opção para fertilizar esta planta. 1,3 dos adubos com elevada percentagem de azoto são também utilizados durante a plantação e os restantes na primavera, que é a época de crescimento. Depois de dar fertilizante de azoto à planta na primavera, até ao crescimento da parte média e verde do alho, a fertilização deve continuar a cada 2-3 semanas. Uma fertilização excessiva queimará a planta ou, na melhor das hipóteses, aumentará o seu crescimento vegetativo.

Em geral, a quantidade de fertilizante utilizada por cada hectare de cultura de alho pode ser indicada da seguinte forma

- Adubo fosfórico: 120 a 200 kg;
- Adubo azotado: 60-80 kg;
- Adubo potássico: 100 kg.

Condições climáticas da cultura do alho

O alho, tal como a cebola comum, precisa de dois factores, a duração do dia e o calor, para formar um tubérculo, e é um vegetal de dia longo e precisa de cerca de 15 horas de dia para formar um tubérculo. No início, a planta do alho tem um crescimento vegetativo (quando a duração do dia é curta) e logo que a planta começa a produzir tubérculos (quando a duração do dia é longa), o crescimento vegetativo pára, o que significa que o alho precisa de uma temperatura fresca no início da estação e de ar quente durante a maturação. O alho pode ser cultivado em solos fortes e férteis que tenham um perfil profundo. Naturalmente, como o alho é sensível à humidade elevada, os bolbos de alho apodrecem muito rapidamente em zonas húmidas, pelo que os solos argilosos pesados não são muito adequados.

Tempo de plantação

O alho é plantado desde a primeira geada da região até ao final de novembro. A plantação de alho na primavera provoca uma diminuição do tamanho do alho, que pode brotar antes que o inverno e as geadas o destruam.

Solo e preparação da cama de plantação de alho

O solo deve ter uma boa drenagem. Os solos argilosos não são adequados para a plantação de alho, pois neles não se formam bons tubérculos ou a cebola resultante fica deformada, a não ser que estes solos sejam aligeirados com estrume em decomposição. Para preparar a cama de plantação, o terreno deve ser completamente alisado e nivelado de acordo com o seu tipo, utilizando um arado, um disco e uma colher de pedreiro e, em zonas secas, deve ser preparado pelo tipo de rega, que é o empilhamento ou o remendo. O PH ideal para a cultura do alho é de 5,6 a 7. Limpar a área de ervas daninhas, pois o alho não pode competir bem com as ervas daninhas.

Como plantar alho

A distância entre as linhas de cultivo é de cerca de 25 a 30 cm, a distância entre cada alho é de 7-10 cm e a profundidade adequada do alho é de 3-5 cm. Colocar o dente de alho no solo de modo a que a ponta do dente fique para cima e a extremidade do dente fique para baixo. O consumo de alho em cem metros quadrados é de cerca de 15 unidades de alho, ou seja, 3 quilos de alho por 10 metros quadrados de terra. Quanto mais fria for a área de plantação, mais profunda deve ser a plantação. A densidade de plantação é considerada maior quando há danos no campo ou quando o solo é muito fértil.

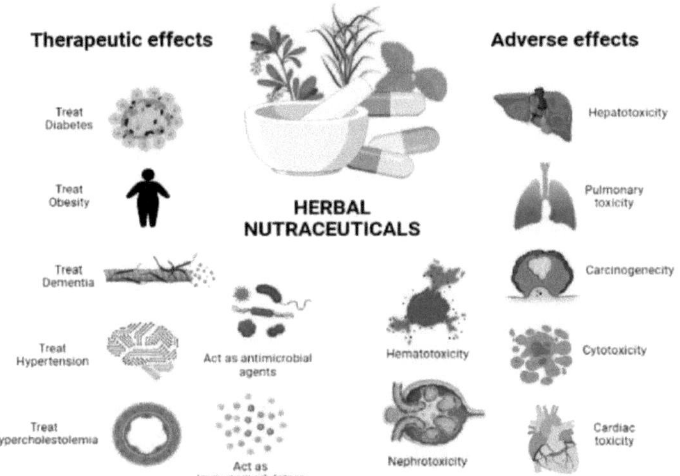

Figura 25. Resumo dos efeitos benéficos e adversos dos nutracêuticos.

Guia de cultivo do alho

1. Seleção de cebolas de alho para plantação

A qualidade das sementes de alho é tão crucial como as práticas agrícolas corretas. Os produtores de alho devem reservar uma parte da sua colheita para a época de plantação seguinte. Ao selecionar as sementes de alho, o tamanho do bolbo é mais importante do que o tamanho dos dentes. Embora alguns agricultores possam escolher os maiores bolbos para replantação, os produtores experientes sublinham que os bolbos mais pequenos podem, por vezes, dar origem a plantas maiores e mais saudáveis. Como tal, os bolbos de tamanho médio proporcionam normalmente o melhor desempenho económico.

Ao escolher as cebolas de semente, evite as que mostram sinais de congelamento, tais como pontos moles, e não plante bolbos pequenos ou leves. Além disso, é crucial não separar as plântulas antes da plantação, pois isso pode levar à perda de humidade e ao apodrecimento.

2. Fertilização da planta do alho

O alho requer um solo rico em nutrientes para um crescimento ótimo. A aplicação de matéria orgânica, como o estrume animal, é vital, especialmente em solos argilosos, onde o alho necessita de mais nutrientes do que outros vegetais. Para os solos arenosos, recomenda-se a aplicação de fertilizantes químicos. As aplicações comuns de fertilizantes por hectare incluem:

Fertilizante azotado: 60-80 kg
Fertilizante com fósforo: 120-200 kg
Fertilizante à base de potássio: 100 kg

A adição de composto melhora a estrutura e a drenagem do solo. Após a plantação, aplique fertilizantes vegetais (por exemplo, de grão-de-bico, feno, palha ou folhas) diretamente no solo. Evite fertilizar na primavera; em vez disso, use composto ou um fertilizante completo, pois isso pode aumentar significativamente o rendimento.

3. Irrigação

O alho é sensível aos níveis de humidade e uma irrigação adequada é essencial para o seu crescimento. Uma humidade insuficiente pode levar a bolbos mais pequenos na altura da colheita. O calendário de rega depende do tipo de solo: os solos mais leves requerem regas mais frequentes, enquanto os solos mais pesados podem reter a humidade durante mais tempo. No entanto, a irrigação excessiva pode promover doenças fúngicas.

A última sessão de rega deve ocorrer cerca de três semanas a um mês antes da colheita, ou quando as folhas começam a amarelecer e os topos começam a secar.

4. Colheita do alho

O alho amadurece normalmente no início do verão. Procure um caule duro, que indica que está pronto para ser colhido. A colheita demasiado tardia pode levar a uma diminuição do tamanho do bolbo - até 30% - se os caules jovens não forem cortados e utilizados antecipadamente. O alho está pronto para ser colhido quando as folhas inferiores ficam amarelas, mas antes de todas as folhas morrerem. Os sinais de prontidão incluem a queda dos caules.

Para a colheita, utilizar suavemente um garfo de pá para levantar o alho do solo, tendo o cuidado de evitar contusões. Se o objetivo for armazenar o alho, corte as folhas a cerca de 1-3 cm acima do bolbo e seque o alho ao sol durante uma semana para reduzir a humidade, aumentando o seu potencial de armazenamento.

Armazenar bolbos de alho saudáveis a aproximadamente 0 graus Celsius, com pouca humidade e boa ventilação. Para o armazenamento de sementes, manter as temperaturas acima dos 10 graus Celsius com 65 - 70% de humidade relativa para evitar a germinação.

5. Estratégias para aumentar o rendimento do alho

Para maximizar o rendimento e a qualidade do alho, é necessário ter em conta vários factores:

A. Utilizar sementes de alta qualidade

Selecione dentes de alho firmes e saudáveis para plantar. Os dentes maiores tendem a produzir bolbos maiores, o que acaba por aumentar o rendimento.

B. Assegurar um espaçamento adequado

Manter um espaçamento adequado entre as plantas de alho - 7 a 10 cm de distância - para evitar a competição por nutrientes e luz solar. No caso dos alhos em vaso, assegurar uma distância de 5 cm entre o alho e o bordo do recipiente.

C. Controlo de ervas daninhas

As ervas daninhas competem com o alho pelos nutrientes e pela água. Limpe a área de plantação e considere espalhar palha ou folhas com 2,5 cm de espessura para suprimir o crescimento de ervas daninhas.

D. Otimizar as condições do solo

O alho desenvolve-se bem em solos franco-arenosos soltos e bem drenados. A compactação do solo afecta negativamente o crescimento do alho, por isso certifique-se de que o solo é rico em nutrientes e não tem compactação. Considere plantar em profundidade (cerca de 2,5 a 5 cm) para um desenvolvimento ótimo, evitando a pressão excessiva do solo compactado.

E. Plantar na altura certa

A época ideal de plantação é de 3 a 6 semanas antes da primeira geada prevista. A plantação atempada permite que o alho crie raízes antes que as condições de frio se instalem, o que, de outro modo, pode travar o seu crescimento.

F. Manter a fertilidade do solo

O alho necessita de um solo fértil para desenvolver cravos saudáveis. Compensar as carências de nutrientes, nomeadamente de azoto, através de composto e de estrume animal para aumentar os níveis de nutrição e o equilíbrio da humidade.

G. Rega regular

Embora o alho seja resistente à seca, a rega regular promove um crescimento saudável e bolbos maiores. No entanto, evite a rega excessiva, pois pode provocar o apodrecimento e reduzir o rendimento.

Em resumo, uma cultura de alho bem sucedida implica uma seleção cuidadosa da qualidade das sementes, um solo rico em nutrientes, uma irrigação eficaz, o controlo das pragas e métodos de colheita adequados.

Ao concluirmos este estudo abrangente sobre o alho iraniano e as suas implicações multifacetadas, é essencial sintetizar as ideias e conhecimentos adquiridos ao longo dos capítulos. A viagem para compreender o alho iraniano revelou a sua biodiversidade excecional, propriedades complexas, potencial terapêutico e oportunidades futuras de comercialização e desenvolvimento sustentável. Esta discussão tem como objetivo encapsular as principais conclusões de cada capítulo, ao mesmo tempo que apresenta as implicações mais amplas para a indústria, a saúde e a sustentabilidade ambiental.

Ideias dos capítulos

Planta do alho, biodiversidade e ecologia das espécies de alho do Irão: O primeiro capítulo estabeleceu uma compreensão fundamental da rica biodiversidade inerente às espécies de alho iranianas. Apresentou uma paisagem de variedades únicas que não só contribuem para a diversidade agrícola como também desempenham um papel crucial nos ecossistemas locais. As condições ecológicas do Irão, caracterizadas por climas e tipos de solo variados, criam um ambiente propício à proliferação de diversas variedades de alho. A preservação desta biodiversidade é vital não só pelo significado cultural que tem no Irão, mas também pelo seu potencial para fornecer estirpes de alho resistentes, capazes de suportar as pressões ambientais.

Identificação e análise genética de variedades de alho : Com base no capítulo anterior, o segundo capítulo debruçou-se sobre a análise genética e a identificação de variedades específicas de alho. Explorámos o significado da diversidade genética, que é fundamental para os programas de melhoramento destinados a desenvolver cultivares de alho de alto rendimento e resistentes a doenças. Métodos biotecnológicos avançados, como os marcadores moleculares e a análise genómica, abriram novas vias para a compreensão da composição genética do alho. Este conhecimento não só ajuda a melhorar as variedades de alho, como também serve para manter a integridade genética das estirpes tradicionais, assegurando a sua preservação para as gerações futuras.

Perfil fitoquímico de espécies de alho iraniano: O estudo do perfil fitoquímico das espécies de alho iraniano sublinhou os diversos compostos bioactivos presentes nestas variedades. Compostos como a alicina, o ajoeno e vários compostos contendo enxofre foram reconhecidos pelas suas propriedades antioxidantes, antimicrobianas e anti-inflamatórias. Este capítulo destacou a importância de cultivar estas variedades para aproveitar o seu potencial de benefícios para a saúde, particularmente no contexto do crescente interesse em alimentos funcionais. Uma compreensão mais profunda dos fitoquímicos específicos presentes no alho iraniano abre caminhos para o desenvolvimento de produtos inovadores que satisfaçam os consumidores preocupados com a saúde.

Nanotecnologia na extração e distribuição de compostos de alho: A integração da nanotecnologia na extração e distribuição de compostos de alho significa um salto em frente na ciência alimentar e na farmacologia. Este capítulo apresentou avanços empolgantes no aumento da biodisponibilidade dos compostos benéficos do alho através de sistemas de distribuição direcionados. Inovações como as nanoemulsões e as nanopartículas não só melhoram a eficácia das propriedades de saúde do alho, como também oferecem novas formulações para produtos alimentares funcionais e suplementos dietéticos. Esta intersecção entre tecnologia e tradição representa uma fronteira promissora tanto para os investigadores como para os empresários do sector do alho.

Aplicações clínicas e terapêuticas do alho iraniano: A exploração das aplicações clínicas e terapêuticas do alho iraniano reafirmou a reputação de longa data da planta como um remédio natural. A análise de estudos clínicos revelou a eficácia do alho na gestão de várias condições de saúde, incluindo doenças cardiovasculares, hipertensão e apoio ao sistema imunitário. Como os sistemas de saúde dão cada vez mais ênfase a medidas preventivas em vez de tratamentos puramente reactivos, o papel do alho como suplemento para a saúde holística torna-se cada vez mais significativo. Este capítulo defendeu o reconhecimento do alho em contextos clínicos, encorajando os profissionais de saúde a considerá-lo como um adjuvante no tratamento dos doentes.

Desenvolvimento de produtos inovadores à base de alho: A inovação estende-se para além do campo da investigação, para o domínio do desenvolvimento de produtos. O desenvolvimento de novos produtos à base de alho apresenta oportunidades para diversificar o mercado e atrair consumidores interessados na saúde e no bem-estar. Este capítulo explorou várias aplicações culinárias e nutracêuticas que podem surgir a partir da compreensão das propriedades do alho. Para além disso, a formulação de produtos que integrem tanto a sabedoria tradicional como as tendências nutricionais modernas pode aumentar a comercialização e a atração. Esforços de colaboração entre tecnólogos alimentares, nutricionistas e chefes de cozinha podem promover a criação de produtos de alho únicos que ressoem junto dos consumidores modernos.

Efeito da transformação e do armazenamento nas propriedades medicinais do alho: A compreensão dos efeitos das condições de transformação e armazenamento nas propriedades medicinais do alho tem implicações práticas tanto para os produtores como para os consumidores. O sétimo capítulo discutiu a forma como factores como o calor, a humidade e a luz podem afetar o conteúdo fitoquímico do alho. Este conhecimento é essencial para os fabricantes de alimentos que pretendem preservar os benefícios do alho para a saúde, optimizando o prazo de validade do produto. A implementação das melhores práticas no processamento e armazenamento não só eleva a qualidade do produto, mas também garante que os consumidores recebam produtos de alho que cumprem as suas promessas terapêuticas.

Segurança, toxicidade e efeitos secundários do consumo de alho: Embora o alho seja amplamente celebrado pelos seus benefícios para a saúde, é fundamental reconhecer o potencial de toxicidade e os efeitos secundários associados ao consumo excessivo. Este capítulo apresentou uma perspetiva equilibrada, chamando a atenção para a importância da moderação e da consciencialização relativamente às sensibilidades individuais. Tanto para os consumidores como para os profissionais de saúde, é crucial compreender as dosagens adequadas e as potenciais interações com os medicamentos. As campanhas de educação pública destinadas a informar os consumidores sobre a utilização segura podem promover uma abordagem responsável ao consumo de alimentos funcionais como o alho.

Capítulo 11: Comercialização e marketing de produtos de alho iraniano

A comercialização dos produtos de alho iraniano não é apenas uma oportunidade económica, mas também um meio de elevar a cultura e a agricultura locais a um nível global. Este capítulo abordou as estratégias de marketing que podem ser adoptadas para mostrar os atributos únicos do alho iraniano. Destacar os seus perfis de sabor distintos, os benefícios para a saúde e o significado tradicional pode criar uma narrativa convincente para os consumidores. Além disso, a ênfase na sustentabilidade e nas normas orgânicas pode aumentar ainda mais os esforços de marketing num mercado ambientalmente consciente.

Capítulo 12: Estudos futuros e desenvolvimento sustentável

Por último, o futuro do alho iraniano depende de uma investigação contínua e de práticas sustentáveis. O capítulo final traçou um roteiro para estudos futuros, salientando a necessidade de integração de várias disciplinas científicas. As práticas de desenvolvimento sustentável na cultura do alho são essenciais para equilibrar o crescimento económico com a gestão ambiental. Isto inclui a promoção de métodos de agricultura biológica, a utilização responsável da água e a conservação da biodiversidade para enfrentar os desafios colocados pelas alterações climáticas. Os esforços de colaboração entre investigadores, agricultores e decisores políticos serão vitais para estabelecer uma indústria de alho resiliente que apoie os meios de subsistência das comunidades locais, contribuindo simultaneamente para a saúde global.

Implicações mais vastas

Os conhecimentos adquiridos com esta exploração do alho iraniano vão muito para além do domínio da agricultura e da ciência alimentar. Esta planta incorpora uma ligação entre cultura, saúde e oportunidade económica, apresentando um microcosmo de tendências sociais mais amplas. A crescente procura de alimentos naturais e funcionais por parte dos consumidores reflecte uma mudança mais ampla no sentido de abordagens holísticas à saúde que dão prioridade aos cuidados preventivos e à sustentabilidade. À medida que o mundo se torna mais interligado, as oportunidades de comercializar alho iraniano a uma escala internacional tornam-se cada vez mais viáveis.

Além disso, à medida que nos confrontamos com questões globais prementes, como a segurança alimentar, as alterações climáticas e a saúde pública, as lições aprendidas com o cultivo e a aplicação do alho fornecem um modelo de resiliência. As práticas sustentáveis delineadas neste livro podem servir de modelo para outros sectores agrícolas, ilustrando como uma concentração na biodiversidade, na conservação e na produção responsável pode produzir benefícios significativos.

Considerações finais

Em resumo, a exploração do alho iraniano apresentada neste livro afirma a sua importância como um produto agrícola dinâmico com benefícios substanciais para a saúde e um potencial de mercado promissor. Ao combinar os conhecimentos tradicionais com os avanços científicos modernos, podemos aproveitar o potencial do alho não só como fonte alimentar, mas também como pedra angular da saúde e do bem-estar. O compromisso com o desenvolvimento sustentável garantirá que as gerações futuras possam não só desfrutar das delícias culinárias e dos benefícios para a saúde do alho, mas também contribuir para um ambiente que apoie a biodiversidade e a resiliência.

À medida que avançamos, o papel do alho na promoção da saúde individual e do bem-estar da comunidade continua a ser uma prioridade. Envolver consumidores, investigadores e agentes da indústria nesta visão partilhada será crucial para realizar todo o potencial do alho iraniano. É nossa responsabilidade colectiva proteger e promover este recurso inestimável, assegurando que continua a prosperar para as gerações vindouras. O futuro do alho iraniano é brilhante e, com dedicação e inovação contínuas, está preparado para se tornar um ator vital no mercado global da saúde e da nutrição.

Referências

Abdul Jaleel, C., Manivannan, P., Sankar, B., Kishorekumar, A., Gopi, R., Somasundaram, R. & Panneerselvam, R. (2007). Pseudomonas fluorescens aumenta o rendimento da biomassa e a produção de ajmalicina em Catharanthus roseus sob stress de défice hídrico. Colloids and Surfaces B: Biointerfaces, 60, 7-11.

Agha Alikhani, M., Iranpoor, A. & Naghdibadi, H. (2013). Variação da agronomia e fitoquímica de Echinaceae purpurea (L.) Moench afetada pela uréia e biofertilizante. Jornal de Plantas Medicinais, 12, 121-138. (Em persa)

Aghhavani shajari, M., Jaberi, M., Baradaran, R. & Mousavi, S. (2018). Efeito dos biofertilizantes e da gestão da irrigação nos índices fisiológicos do feno-grego (Trigonella foenum- graecum L.). Jornal de Ecofisiologia Vegetal, 10(32), 142-151. (Em persa)

Akowuah, G. A., Ismail, Z., Norhayati, I. & Sadikun, A. (2005). Os efeitos de diferentes solventes de extração de polaridades variáveis em polifenóis de Orthosiphon stamineus e avaliação da atividade de eliminação de radicais livres. Química Alimentar, 93, 311-317.

Alam, S. M., Mahmood, I. A., Ullah, M. A., Naseeb, T., Nawab, N. N. & Haider, S. I. (2019). Crescimento e rendimento do alho (Allium Sativum) influenciado pela aplicação de Zn e Fe. Biologia Alimentar, 8, 13-15.

Alizad, L., Mostafavi Rad, M. & Aghaei, K. (2018). Efeito do tipo de fontes de nitrogênio e bactérias promotoras do crescimento de plantas no rendimento e seus atributos do alho local Talesh em Rasht. Journal of Crops Improvement, 20(2), 533-545. (Em persa)

Amalraj A e Gopi S. Actividades biológicas e propriedades medicinais da Asafoetida: uma revisão. J. Tradit. Complement. Med. 2017; 7(3): 347-59.

Amiri, M. B., Rezvani Moghaddam, P. & Jahan, M. (2017). Efeitos de ácidos orgânicos, micorriza e rizobactérias no rendimento e algumas caraterísticas fitoquímicas em sistema de cultivo de baixo insumo. Ciências Agrícolas e Produção Sustentável, 4, 4561. (Em persa)

Araj-Khodaei M, Noorbala AA, Yarani R, Emadi F, Emaratkar E, Faghihzadeh S, Parsian Z, Alijaniha F, Kamalinejad M e Naseri M. Um estudo piloto aleatório, em dupla ocultação, para comparação de Melissa officinalis L. e Lavandula angustifolia Mill. com Fluoxetina para o tratamento da depressão. BMC Complement. Med. Ther. 2020; 20(1): 1-9.

Bagheri SM, Dashti-R MH e Morshedi A. Efeito antinociceptivo da resina de goma oleosa de Ferula assa-foetida em ratos. Res Pharm Sci 2014; 9(3): 207-12. PMID: 25657791; PMCID: PMC4311286.

Barnett, H.L.; Hunter, B. Ilustrated Genera of Imperfect Fungi; APS Press: St. Paul, MI, EUA, 1998.

Barzegar A, Salim MA, Badr P, Khosravi AR, Hemmati S, Seradj H, Iranshahi M e Mohagheghzadeh AA. Persian asafoetida vs. sagapenum: desafios e oportunidades. Res. J. Pharmacog. 2020; 7(2):71-80.

Bashan, Y. & Gonzales, L. (1999). Sobrevivência a longo prazo de bactérias promotoras do crescimento de plantas Azospirrillum brasilense e Pseudomonas flourescens em inoculado de alginato seco. Applied Biochemistry and Microbiology, 27, 262-266.

Boyeri Deh Sheikh, P., Mahmoudi Sarestani, M., Zolfaghari, M. & Enayati Zamir, N. (2017). O estudo sobre o efeito de fertilizantes biológicos e químicos e ácido húmico no crescimento, caraterísticas fisiológicas e teor de óleo essencial de catnip (Nepeta cataria). Journal of Plant Production Research, 24(2), 61-76.

Burba, J.L. Producción de ajo. In Ediciones Instituto Nacional de Tecnología Agropecuaria; INTA EEA La Consulta: Mendoza, Argentina, 2003.

Chretien, P.L.; Laurent, S.; Bornard, S.; Troulet, C.; El Maâtaoui, M.; Leyronas, C. Unraveling the infection process of garlic by Fusarium proliferatum, the causal agent of root rot. Phytopathol. Mediterr. **2020**, 59, 285-293.

Dugan, F.; Hellier, B.; Lupien, S. Primeiro relato de Fusarium proliferatum causando podridão de bulbos de alho na América do Norte. Plant Pathol. **2003**, 52, 426.

Dugan, F.M.; Hellier, B.C.; Lupien, S.L. Pathogenic fungi in garlic seed cloves from the United States and China, and efficacy of fungicides against pathogens in garlic germplasm in Washington State. J. Phytopathol. **2007**, 155, 437-445.

Ellis, M.B. More Dematiaceous Hyphomycetes; CAB International: Denver, CO, EUA, 1976. Fallahi, J., Koocheki, A. & Rezvani Moghaddam, P. (2008). Investigação dos efeitos dos fertilizantes orgânicos no índice de quantidade e na quantidade de óleo essencial e chamazuleno na camomila (Matricaria recutita). Iranian Journal of Water, Soil and Plant in Agriculture, 8, 157-168. (Em persa)

Fatma, A., Rizk, A. M., Shaheen, E. H., Abdel-Samad, T. & El-Lobban, T. (2014). Resposta das plantas de cebola ao fertilizante orgânico e pulverização foliar de alguns micronutrientes em condições de solo arenoso. Journal of Applied Sciences Research, 22, 235-242.

Frisvad, J.C.; Samson, R.A. Polyphasic taxonomy of Penicillium subgenus Penicillium. Um guia para a identificação de penicillia terverticilada de origem alimentar e aérea e das suas micotoxinas. Stud. Mycol. **2004**, 49, 1-174.

Gálvez, L.; Urbaniak, M.; Waskiewicz, A.; Stçpien, L.; Palmero, D. Fusarium proliferatum- Agente causal da podridão dos bolbos de alho em Espanha: Variabilidade genética e produção de micotoxinas. Food Microbiol. **2017**, 67, 41-48.

Ghadami Firouzabadi, A. 2012. Avaliação técnica do tubo de irrigação de baixa pressão (Hydro flume) e comparação com os sistemas de irrigação tradicionais e por aspersão. Revista Internacional de Agricultura e Ciências Agrárias. Vol., 4 (3), 108-113.

Ghadami Firouzabadi, A., Nasseri, A. e Nosrati, A.E. 2010. Eficiência do uso da água e rendimento das respostas do alho ao sistema de irrigação, espaçamento entre fileiras e fertilização com azoto. Jornal de Alimentos, Agricultura e Meio Ambiente. Vol.8 (2): 132-134

Ghasemi-Dehkordi N, Sajadi SE, Ghannadi A, Aman zadeh Y, Azadbakht M, Asghari Gh, Amin Gh, Hajiakhundi A e Taleb AM. Comité editorial da Iranian Herbal Pharmacopoeia. Iranian Herbal Pharmacopoeia. Teerão, Irão: Ministério da Saúde e da Educação Médica; 2002, 34-43.

Ghisleni DDM, Braga MDS, Kikuchi IS, Braşoveanu M, Nemtanu MR, Dua K e Pinto T. Os aspectos de qualidade microbiana e abordagens de descontaminação para as plantas medicinais e produtos à base de plantas: uma revisão aprofundada. Curr. Pharm. Des. 2016; 22(27): 4264- 87.

Hassanabadi M, Ebrahimi M, Farajpour M e Dejahang A. Variação dos componentes do óleo essencial entre os acessos de Ferula assa-foetida L. do Irão. Ind. Crops Prod. 2019; 140: 111598.

Hoseini Mazinani, S. M. & Hadipoor, A. (2014). Melhorar a qualidade e quantidade de Calendula officinalis através da aplicação de biofertilizantes. Jornal de Plantas Medicinais, 13, 8393. (Em persa)

Iranshahy M e Iranshahi M. Utilizações tradicionais, fitoquímica e farmacologia da asafoetida (Ferula assa-foetida oleo-gum-resin) - Uma revisão. J. EthnoPharmacol. 2011; 134(1): 1-10.

Ismailian, Y., Amiri, M. B., Askari Naeini, S. & Moradi Sadr, J. (2015). O efeito da aplicação simultânea de fertilizantes biológicos e orgânicos em algumas caraterísticas quantitativas do alho (Allium sativum L.) nas condições de Gonabad. Conferência Nacional sobre Plantas Medicinais, Shahroud. (Em persa)

Jafarzadeh, L., Omidi, H. & Bostani, A. (2014). O estudo do estresse hídrico e do fertilizante biológico de nitrogênio em algumas caraterísticas bioquímicas da planta medicinal Marigold (Calendula officinalis). Jornal de Investigação Vegetal (Jornal Iraniano de Biologia), 27(2), 180-193. (Em persa)

Jat, P. K., Garhwal, O. P. & Singh, S. P. (2018). Influência de fertilizantes orgânicos, inorgânicos e biofertilizantes no crescimento, rendimento e qualidade da cebola (Allium cepa). Revista Internacional de Estudos Químicos, 6, 01-06.

Kalatizandous, N. 1994. "Price protection and productivity growth", American Journal of Agricultural Economics. 76 : 722-732 Leung,

Karimian V, Ramak P e Majnabadi JT. Composição química e efeitos biológicos de três tipos diferentes (lágrima, pasta e massa) de goma amarga de Ferula assa-foetida Linn. Nat. Prod. Res. 2021; 35(18): 3136-41.

Karla, A. (2003). Cultivo orgânico de plantas medicinais e aromáticas. Uma esperança de sustentabilidade e melhoria da qualidade. Journal of Organic Production of Medicinal, Aromatic and Dye-Yielding Plants (MADPs) FAO.

Khatoon, A.; Mohapatra, A.; Satapathy, K.B. Estudos sobre fungos associados ao alho stora (Allium sativum). Estudos **2017**, 6, 19-24.

Lamaison, J. L. & Carnat, A. (1990). Teneurs en principaux flavonoids des fleurs de Crataegeus monogyna Jacq et de Crataegeus laevigata (Poiret DC) en fonction de la vegetation. Pharmaceutica Ata Helvetiae, 65, 315-20.

Leslie, J.F.; Summerell, B.A. The Fusarium Laboratory Manual; Blackwell Publishing: Ames, IA, EUA, 2006.

Mayeux, P.R., Agrawal K.C., Tou, J.S.H, King, B.T., Lippton, H.L., Hyman, A.L., Kadowiz, P.J., McNamara. D.B. The pharmacological effects of allicin, a constituent of garlic oil (Os efeitos farmacológicos da alicina, um constituinte do óleo de alho). Agents and Actions. 1998; 25: 182-90.

Moharam, M.H.A.; Farrag, E.S.H.; Mohamed, M.D.A. Fungos patogénicos em dentes de alho-semente e primeiro relatório de Fusarium proliferatum que causa o apodrecimento de bolbos armazenados no Alto Egito. Arch. Phytopathol. Plant Protect. **2013**, 46, 2096-2103.

Mondani, L.; Mondani, L.; Chiusa, G.; Pietri, A.; Battilani, P. Monitorização da incidência de podridão seca causada por Fusarium proliferatum em alho na colheita e durante o armazenamento.

Postharvest Biol. Technol. **2021**, 173, 111407.

Mozaffarian, V. A Dictionary of Iranian Plant Names (Dicionário de nomes de plantas iranianas). Sete o d., Teerão: Farhang Moaser Publisher; 2013, 228-230.

Naeem, A. H. & Otroshy, M. (2015). Efeitos de rizobactérias promotoras do crescimento de plantas no aumento da produção e em alguns parâmetros de crescimento de genótipos de batata. Jornal de Produção e Processamento de Culturas, 4, 37-49.

Naroua, I., Rodríguez, L., e Calvo, R. S.. 2014. Eficiência no uso da água e produtividade da água no distrito de irrigação espanhol "Río Adaja". Questões de Jornal, 2(12): 484491.

Nasiri, Y., Shekari, F. & Asadi, M. (2020). Efeitos de biofertilizantes e sulfato de zinco em algumas caraterísticas morfológicas e de rendimento de Satureja hortensis Iranian Journal of Medicinal and Aromatic Plants Research, 36, 523-541. (Em persa)

Niazmand R e Razavizadeh BM. Ferula asafoetida: composição química, comportamento térmico, actividades antioxidantes e antimicrobianas dos extractos hidroalcoólicos da folha e da goma. J. Food Sci. Technol. Mysore 2021; 58(6): 2148-59.

Palmero, D.; De Cara, M.; Nosir, W.; Gálvez, L.; Cruz, A.; Woodward, S.; González-Jaén, M.T.; Tello, J.C. Fusarium proliferatum isolado de alho em Espanha: Identificação, potencial toxigénico e patogenicidade em espécies afins de Allium. Phytopathol. Mediterr. **2012**, 51, 207-218.

Palmero, D.; Gálvez, L.; García, M.; Gil-Serna, J.; Benito, S. The effects of storage duration, temperature and cultivar on the severity of garlic clove rot caused by Fusarium proliferatum. Postharvest Biol. Technol. **2013**, 78, 34-39.

Pyo, Y. H., Lee, T. C., Logendra, L. & Rosen, R. T. (2014). Atividade antioxidante e compostos fenólicos de extratos de acelga suíça (Beta vulgaris subespécie cycla). Food Chemistry, 85, 19-26.

Querol, A.; Barrio, E.; Ramón, D. Um estudo comparativo de diferentes métodos de caraterização de estirpes de leveduras. Syst. Appl. Microbiol. **1992**, 15, 439-446.

Rahimzadeh, S., Sohrabi, Y., Heidari, Gh. R., Eivazi, A. R. & Hoseini, S. M. T. (2013). Efeito dos biofertilizantes na absorção de macro e micro nutrientes e no teor de óleo essencial em Dracocephalum moldavica Iranian Journal of Field Crops Research, 11, 179-190. (Em persa)

Randhir, S. e Krishnamoorthy, O. 1999. "Productivity variation and use in farm of Madratkam Takfed area of Chengalpatuu district, Tamil Nadu". Indian Journal of Agriculture Economics. 45: 56-60.

Rashid, S., Ramzan Mir, M. & Rehman Hakeem, K. (2016). Uso de biofertilizante para produção agrícola sustentável. Solo vegetal e micróbios, 163-180.

Rashki Ghale no, Z., Mehraban, A. & Fanaee, H. R. (2019). Efeito de diferentes fontes de fertilizantes (químicos e biológicos) no rendimento e componentes do rendimento e algumas caraterísticas agronómicas de duas variedades de alho (Allium sativum). Journal of Plant Ecophysiology, 38, 13-21.

Rezvani Moghaddam, P., Amiri, M. B., Norozian, A. & Ehyaee, H. R. (2015). Avaliação de duas espécies de micorrizas e nitroxina no rendimento e nos componentes do rendimento do alho (Allium sativum) em um agroecossistema ecológico. Jornal Iraniano de Ciência das Culturas de Campo, 13, 435-447. (Em persa)

Schwartz, H.F.; Mohan, S.K. Compendium of Onion and Garlic Diseases and Pests; APS Press: St. Paul, MI, EUA, 2008.

Sharma, M., Sasvari, Z. & Nagy, P. D. (2010). Inibição da biossíntese de esteróis reduz a replicação de tombusvirus em leveduras e plantas. Journal of Virology, 84(5), 2270-2281.

Sholberg, P.L.; Conway, W.S. Postharvest Pathology. In The Commercial Storage of Fruits, Vegetables, and Florist and Nursery Stocks, USDA-ARS Agriculture Handbook; Gross, K.C., Wang, C.Y., Saltveit, M., Eds.; United States Department of Agriculture: Washington, DC, EUA, 2016; Volume 66, pp. 111-127.

Simmons, E.G. Helminthosporium allii como tipo de um novo género. Mycologia **1971**, 63, 380386.

Singleton, V. & Rossi, J. (1965). Colorimetria de compostos fenólicos totais com reagentes de ácido fosfomolíbdico-fosfotúngstico. American Journal of Enology and Viticulture, 16, 144-158.

Snowdon, A.L. Capítulo 7: Bulbos. Em A Color Atlas of Post-Harvest Diseases & Disorders of Fruits & Vegetables; CRC Press: London, UK, 1992; Volume 2, pp. 236-261.

Câmara de Comércio de Teerão I, Minas e Agricultura. Asafoetida (Acedido em 2019).

Thanushree, M.P.; Sailendri, D.; Yoha, K.S.; Moses, J.A.; Anandharamakrishnan,

C. Mycotoxin contamination in food: Uma exposição sobre especiarias. Tendências Ciência Alimentar. Technol. **2019**, 93, 69-80.

Tonti, S.; Mandrioli, M.; Nipoli, P.; Pisi, A.; Toschi, T.G.; Prodi, A. Deteção de fumonisinas em alho comercial fresco e desidratado. J. Agric. Food Chem. **2017**, 65, 7000-7005.

Tonti, S.; Prà, M.D.; Nipoti, P.; Prodi, A.; Alberti, I. Primeiro relatório de Fusarium proliferatum que causa a podridão de bolbos de alho armazenados (Allium sativum L.) em Itália. J. Phytopathol. **2012**, 160, 761-763.

Valdez, J.G.; Makuch, M.A.; Ordovini, A.F.; Frisvad, J.C.; Overy, D.P.; Masuelli, R.; Piccolo, R.J. Identificação, patogenicidade e distribuição de Penicillium spp. isolados de alho em duas regiões da Argentina. Plant Pathol. **2009**, 58, 352-361.

Yemm, E. W. & Willis, A. J. (1954). A estimativa de hidratos de carbono em plantas extractos por antrona. The Biochemical Journal, 57, 508-514.

Zargaran A, Sakhteman AH, Faridi P, Daneshamouz S, Akbarizadeh AR, Borhani-Haghighi A e Mohagheghzadeh AA. Reformulação do óleo de camomila tradicional: controlos de qualidade e apresentação de impressões digitais com base na análise de agrupamentos de dados espectrais de infravermelhos de reflexão total atenuada. J. Evid. Based Complementary Altern. Med. 2017; 22(4): 707-14.

Zomorodian K, Saharkhiz J, Pakshir K, Immeripour Z e Sadatsharifi A. Composição, actividades antibiofilme e antimicrobianas do óleo essencial de Ferula assa-foetida oleo-goma-resina. Biocatal. Agric. Biotechnol. 2018; 14: 300-4.

Vafaii, Y., Dashti, F., Mardi, M., & Ershadi, A. (2009). Genetic diversity of Iranian garlic (Allium sativum L.) using morphological traits and AFLP markers. *Iranian Journal of Horticultural Science,* 40(2), 1-10.

Baghalian, K., Zia, S. A., Naqdi, H., & Naqvi, M. R. (2004). Propriedades bioquímicas do alho em diferentes regiões iranianas. *Journal of Medicinal Plants,* 3(4), 20-25.

Boutasknit, A., Ait-Rahou, Y., Anli, M., Ait-El-Mokhtar, M., Ben-Laouane, R., & Meddich, A. (2020). Melhoria do crescimento do alho, fisiologia, caraterísticas bioquímicas e fertilidade do solo por Rhizophagus irregularis e composto. Journal of Crop Health, 73(2), 149160. https://doi.org/10.1007/s10343-020-00533-3

Khatami, M., Khosh-Khui, M., & Khameneh, B. (2021). Influência de diferentes regimes de fotoperíodo e temperatura no crescimento e na qualidade do bulbo de cultivares de alho (Allium sativum L.). MDPI Agronomy, 11(9), 1773. https://doi.org/10.3390/agronomy11091773 Hartmann, J., & Stützel, H. (2011). Controlo ambiental do crescimento e da florogénese do alho. Journal of the American Society for Horticultural Science, 136(3), 173182.

Egea LA, Mérida-García R, Kilian A, Hernandez P, Dorado G. Assessment of Genetic Diversity and Structure of Large Garlic (Allium sativum) Germplasm Bank, by Diversity Arrays Technology "Genotyping-by-Sequencing" Platform (DArTseq). Front Genet. 2017 Jul 20;8:98. doi: 10.3389/fgene.2017.00098.

Vafaii, Y., Dashti, F., Mardi, M., & Ershadi, A. (2009). Deteção da diversidade genética entre clones de alho iraniano (Allium sativum L.) através de marcadores AFLP. Journal of Horticultural Science and Biotechnology, 40(1)

Avaliação da diversidade genética de acessos de alho grego (Allium sativum L.) utilizando marcadores de ADN e associação com a variação fenotípica e química. Agricultura, 13(7), 1408. https://doi.org/10.3390/agriculture13071408

Egea, L. A., Mérida-García, R., Kilian, A., Hernandez, P., & Dorado, G. (2017). Avaliação da diversidade genética e estrutura do grande banco de germoplasma de alho (Allium sativum) pela plataforma "genotyping-by-sequencing" da Diversity Arrays Technology (DArTseq). Frontiers in Genetics, 8, 98.

Atif, M. J., Amin, B., Ghani, M. I., Hayat, S., Ali, M., Zhang, Y., & Cheng, Z. (2019). Influência de diferentes regimes de fotoperíodo e temperatura no crescimento e na qualidade do bulbo de cultivares de alho (Allium sativum L.). MDPI Agronomia, 9(12), 879.

Shang, A., Cao, S.-Y., Xu, X.-Y., Gan, R.-Y., Tang, G.-Y., et al. (2019). Compostos bioativos e funções biológicas do alho (Allium sativum L.). Alimentos, 8(7), 246.

El-Saadony, M. T., Saad, A. M., Korma, S. A., & Salem, H. M e et al.(2024). Substâncias bioactivas do alho e suas aplicações terapêuticas para melhorar a saúde humana: A comprehensive review. Frontiers in Immunology, 10, Artigo 1277074.

Tudu CK, Dutta T, Ghorai M, Biswas P, Samanta D, Oleksak Pand et al. Utilizações tradicionais, fitoquímica, farmacologia e toxicologia do alho (Allium sativum), um armazém de diversos fitoquímicos: A review of research from the last decade focusing on health and nutritional implications. Front Nutr. 2022 Oct 28;9:949554

Antunes Filho S, Dos Santos MS, Dos Santos OAL, Backx BP, e et al. Biossíntese de Nanopartículas Utilizando Extratos Vegetais e Óleos Essenciais. Molecules. 2023 Mar 29;28(7):3060.

Vijayakumar, S., Malaikozhundan, B., Saravanakumar, K., Durán-Lara, E. e et al. (2019). Nanopartículas de prata assistidas por extrato de cravo de alho - Antibacteriano, antibiofilme, anti-helmíntico, anti-inflamatório, anticâncer e ecotoxicidade avaliação. Jornal de Fotoquímica e Fotobiologia B: Biologia, 198, Artigo 111558.

Phan ADT, Netzel G, Chhim P, Netzel ME, Sultanbawa Y. Caraterísticas fitoquímicas e atividade antimicrobiana de cultivares australianas de alho (Allium Sativum L.). Foods. 2019 Aug 23;8(9):358.

Nanoencapsulação de óleo essencial de alho utilizando nanopolímero de quitosano e a sua eficácia antifúngica e anti-aflatoxina B1 in vitro e in situ. Jornal Internacional de Macromoléculas Biológicas, 243, Artigo 125160.

Tavares, L., Santos, L., & Zapata Noreña, C. P. (2021). Compostos bioativos do alho: Uma revisão abrangente das tecnologias de encapsulamento, caraterização dos compostos de alho encapsulados e sua aplicabilidade industrial. Tendências em Ciência e Tecnologia de Alimentos, 114, 232-244.

Lu, X., Wang, C., Zhao, M., Wu, J., Niu, Z., & Zhang, X. (2021). Melhorar a biodisponibilidade e a bioatividade dos compostos bioativos do alho por meio da nanotecnologia. Revisões críticas em ciência alimentar e nutrição, 61 (5), 8467-8496.

Pandey, P., Khan, F., & Alshammari, N. (2023). Atualizações sobre o potencial anticâncer de compostos organossulfurados de alho e suas nanoformulações: Terapêutica vegetal na gestão do cancro. Fronteiras em Farmacologia, 14, Artigo 1154034.

Talib, Wamidh H., Media Mohammed Baban, Aya O. Azzam, Jenan J. Issaand et al. 2024. "Allicin and Cancer Hallmarks" Molecules 29, no. 6: 1320.

Nakamoto M, Kunimura K, Suzuki JI, Kodera Y. Propriedades antimicrobianas dos compostos hidrofóbicos do alho: Allicin, vinyldithiin, ajoene e diallyl polysulfides. Exp Ther Med. 2020 Feb;19(2):1550-1553.

Leontiev, R., Hohaus, N., Jacob, C. et al. Uma comparação das atividades antibacterianas e antifúngicas de análogos de tiossulfinato de alicina. Sci Rep **8**, 6763 (2018).

Ansary J, Forbes-Hernández TY, Gil E, Cianciosi D, Zhang J, Elexpuru-Zabaleta M, Simal-Gandara J, Giampieri F, Battino M. Potential Health Benefit of Garlic Based on Human Intervention Studies: A Brief Overview. Antioxidants. 2020; 9(7):619. https://doi.org/10.3390/antiox9070619

Ribeiro, M., Alvarenga, L., Cardozo, L. F. M. F., Chermut e et al. (2021). Do cheiro caraterístico aos efeitos terapêuticos: O alho nas doenças cardiovasculares, hepáticas, intestinais, diabetes e doença renal crónica. Clinical Nutrition, 40(7), 4807-4819. https://doi.org/10.1016/j.clnu.2021.03.005

Propriedades Antioxidantes: O alho neutraliza os radicais livres e reduz o stress oxidativo, o que ajuda a proteger as células dos danos oxidativos e previne o aparecimento de muitas doenças crónicas.

Efeitos anti-inflamatórios: O alho inibe a produção de citocinas inflamatórias e vias de sinalização inflamatórias como o NF-κB, reduzindo a inflamação e beneficiando pacientes com condições como diabetes e doenças cardiovasculares (Rahman et al., 2022).

Regulação metabólica: O alho melhora o metabolismo das gorduras e dos hidratos de carbono, reduzindo os lípidos no sangue e regulando os níveis de glicose no sangue, o que é benéfico no tratamento da diabetes e na prevenção de doenças cardiovasculares.

Tesfaye A. Revealing the Therapeutic Uses of Garlic (Allium sativum) and Its Potential for Drug Discovery (Revelando as Utilizações Terapêuticas do Alho (Allium sativum) e o seu Potencial para a Descoberta de Medicamentos). ScientificWorldJournal. 2021 Dec 30;2021:8817288. doi: 10.1155/2021/8817288.

Sahidur, M. R., Islam, S., & Jahurul, M. H. A. (2023). O alho (Allium sativum) como antídoto natural ou agente protetor contra doenças e toxicidades: Uma revisão crítica. Food Chemistry Advances, 3, 100353. https://doi.org/10.1016/j.focha.2023.100353

Pazyar N, Feily A. Garlic in dermatology (Alho em dermatologia). Dermatol Reports. 2011 Apr 28;3(1):e4. doi: 10.4081/dr,2011.e4.

Inan Yuksel E, Cicek D, Demir B, Sahin K, Tuzcu M, Orhan C, Ozercan IH, Sahin F, Kocak P, Yildirim M. Exossomos de alho promovem o crescimento do cabelo através da via Wnt/β-catenina e fatores de crescimento. Cureus. 2023 Jul 19;15(7):e42142. doi: 10.7759/cureus.42142.

El-Saadony MT, Saad AM, Korma SA, Salem HM, Abd El-Mageed T e et al. Substâncias bioactivas do alho e suas aplicações terapêuticas para melhorar a saúde humana: uma revisão exaustiva. Front Immunol. 2024 Jun 10;15:1277074. doi: 10.3389/fimmu.2024.1277074.

Thakur, P., Dhiman, A., Kumar, S., & Suhag, R. (2024). Alho (Allium sativum L.): A review on bio-functionality, allicin's potency and drying methodologies. South African Journal of Botany, 171, 129-146. https://doi.org/10.1016/j.sajb.2024.05.039

Tedeschi P, Brugnoli F, Merighi S, Grassilli S e et al. The Effect of Different Storage Conditions on Phytochemical Composition, Shelf-Life, and Bioactive Compounds of Voghiera Garlic PDO. Antioxidants (Basileia). 2023 Feb

16;12(2):499.

Al-Dabbas, M., Joudeh, K., Abughoush, M., & Al-Dalali, S. (2023). Efeito dos métodos de processamento e conservação no conteúdo fenólico total e nas actividades antioxidantes do alho (Allium sativum). Jornal da Sociedade Chilena de Química, 68(2).

El-Saber Batiha G, Magdy Beshbishy A, G Wasef L, Elewa YHA e et al. Constituintes químicos e actividades farmacológicas do alho (Allium sativum L.): A Review. Nutrientes. 2020 Mar 24;12(3):872.

Kamal, Z., Al-Amgad, Z., Zigo, F., Farkasová, Z., Zigová, M., & Ahmad, A. M. (2023). O consumo intenso de alho (Allium sativum) exerce toxicidade nefro e pulmonar a nível materno e embrionário nos ratos albinos. Jornal de Investigação Animal Aplicada, 51(1), 776-788.

Fakhr, F. (2021). Um modelo para o sucesso das estratégias de comercialização em marketing no Irão: Um estudo de caso de empresas industriais em Teerão. Revista Internacional de Gestão, Contabilidade e Economia, 8(1). ISSN 2383-2126.

Molaei, B. A análise das coisas que influenciam o rendimento do produto de alho na província de Zanjan. Revista Internacional de Investigação Biológica e Biomédica Avançada, 2014; 2(4): 940-945.

Puspitasari, A., Nurmalina, R., Hariyadi, & Agustian, A. (2023). Avaliando a sustentabilidade da produção de alho para determinar estratégias no alho Programa de Desenvolvimento Sustentável. IOP Conference Series: Earth and Environmental Science, 1266, 012040.

Parreño, Ricardo, Eva Rodríguez-Alcocer, César Martínez-Guardiola e et al. 2023. "Turning Garlic into a Modern Crop: State of the Art and Perspectives" Plants 12, no. 6: 1212.

Printed by Books on Demand GmbH, Norderstedt / Germany